교양으로 읽는
반도체 상식

교양 으로 읽는
반도체 상식

고죠 마사유키 지음 | **정현** 옮김

시그마북스
Sigma Books

교양으로 읽는 반도체 상식

발행일 2023년 12월 11일 초판 1쇄 발행
지은이 고죠 마사유키
옮긴이 정현
발행인 강학경
발행처 시그마북스
마케팅 정제용
에디터 최윤정, 최연정, 양수진
디자인 강경희, 김문배

등록번호 제10-965호
주소 서울특별시 영등포구 양평로 22길 21 선유도코오롱디지털타워 A402호
전자우편 sigmabooks@spress.co.kr
홈페이지 http://www.sigmabooks.co.kr
전화 (02) 2062-5288~9
팩시밀리 (02) 323-4197
ISBN 979-11-6862-189-3 (03500)

『ビジネス教養としての半導体』(高乗正行)
BUSINESS KYOYO TOSHITE NO HANDOTAI
Copyright© 2022 by Mark Kojo
Original Japanese edition published by Gentosha Media Consulting,Inc., Tokyo, Japan
Korean edition published by arrangement with Gentosha Media Consulting,Inc.
through Japan Creative Agency Inc., Tokyo and AMO Agency, Korea

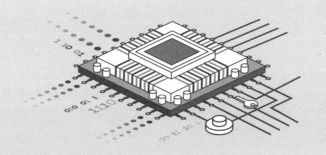

반도체는 스마트폰이나 개인용 컴퓨터 같은 전자제품을 비롯해 인터넷 통신을 포함한 사회 인프라, 자동차와 전철 등 우리 주변 곳곳에 다양한 형태로 사용되고 있어 우리의 생활이 반도체 덕분에 유지되고 있다고 해도 지나치지 않다.

최근 몇 년 동안 전 세계 반도체 수요가 지속적으로 증가함에 따라 반도체 시장도 비약적으로 성장하고 있다.

반도체 시장은 2021년 시점 일본 내 생산량만 연간 약 5조 엔, 세계 전체로는 약 72조 엔에 달하는 거대한 시장이다. 일본의 국가 예산이 연간 약 100조 엔인 것을 감안하면 시장의 크기를 실감할 수 있다.* 더불어 5세대 이동통신 시스템(5G)을 사용하는 스마트폰이나 전기자동차(EV)의 보급, 디지털 트랜스포메이션(DX)을 기반으로 한 업무 효율화,

---

* SIA(미국반도체산업협회)에 따르면 2021년 전 세계 반도체 판매액은 5,559억 달러를 기록했다.

메타버스(가상공간)의 발전 등 응용 기기와 응용 시스템의 진화에 따른 수요 증가로 순풍에 돛단 성장 기세는 앞으로도 이어질 전망이다. 2021년 12월 샌프란시스코에서 개최된 세미콘 웨스트 2021[**]에서 SEMI(국제 반도체장비재료협회)의 회장이자 CEO인 아지트 마노차는 "반도체 시장은 2030년 1조 달러 규모로까지 커질 전망이다"라고 말했다. 이제 반도체 산업은 세계 경제의 중심적 존재라 할 만큼 발전을 거듭하고 있다.

반면에 반도체가 무엇이며 어떻게 사용되는 부품인지 구체적으로 설명할 수 있는 사람은 많지 않다. '잘 모르겠지만 왠지 중요한 것 같은 부품'이라는 생각으로 뉴스를 통해 보고 듣는 내용을 화제 삼는 사람이 대부분이다.

나는 대학을 졸업한 뒤 종합상사에서 IT 분야의 사업 개발을 담당했고, 이후 미국 실리콘밸리에 벤처캐피털 자회사를 설립했다. 2001년에 일본으로 돌아와 글로벌 전자부품과 반도체 전문 온라인플랫폼인 칩원스톱(Chip One Stop)을 창업했고, 이후 벤처캐피털 펀드를 결성하고, 개발자를 위한 강연과 뉴스레터 발간 등 관련 분야로 사업을 넓혀왔다. 칩원스톱은 국내외 30만 명이 넘는 개발자와 구매 담당자가 이용하는

[**]   SEMICON West 2021 Hybrid: 북미 최대 반도체 전시회.

글로벌 기업으로 성장하며 일본 반도체 유통 업계를 견인하고 있다. 반도체 업계에 몸담고 있지만, 한 걸음 떨어져 보니 세상이 반도체라는 제품을 제대로 이해하지 못하고 있다는 생각이 들었다. 막연하게 이미지만 그릴 뿐, 시장 규모의 크기나 세계 경제에 미치는 영향을 명확하게 이해하는 사람은 드물었다. 이 책은 그런 비즈니스 퍼슨이 반도체를 더 잘 이해하기를 바라는 마음으로 집필했다.

이 책에는 반도체라는 단어를 알아도 반도체가 무엇인지 정확히 설명하지 못하는 비즈니스 퍼슨이 지적 대화가 필요한 상황이나 업무 현장에서 유용하게 활용할 수 있을 만한 내용을 담았다. 반도체란 도대체 무엇이고 반도체가 우리의 생활과 산업 인프라에 빠질 수 없는 존재가 되기까지의 역사, 반도체를 둘러싼 국제적 동향 등에 대해 상세히 설명했다.

이 책을 본 독자가 비즈니스 교양 상식으로 반도체 지식을 배우고 체득해 준다면 더할 나위 없이 기쁠 것이다.

📟 차례

Chapter

국제적
전략 물자인
반도체 업계 동향

Chapter

지칠 줄 모르는
반도체의
진화와
기업의 미래

제 1 장

비즈니스
교양 상식이 된
반도체

반도체 없이 세계 경제를 논할 수 없는 시대

'반도체는 산업의 쌀'이라는 말도 이젠 옛말이 되었다. 쌀은 글로벌 식품 공급망에서 빠질 수 없는 존재다. 그러나 2022년 현재 반도체는 쌀과 비교할 수 없을 정도의 압도적인 존재감을 주고 있다.

2021년 UN의 조사에 따르면, 전 세계 인구는 약 78억 7,500만 명에 달한다. 그리고 미국반도체산업협회(SIA)에 따르면 2021년 반도체 출하량은 약 1조 1,500억 개, 출하액은 약 72조 엔에 육박한다. 즉, 전 세계 인구를 기준으로 환산해보면 1명당 연간 약 9,175엔, 약 146개의 반도체를 소비하는 것이다. 반도체 사용량은 선진국일수록 많다. 일본만 해도 출하액이 약 4조 8,000억 엔이며, 이 금액을 전체 인구 1억 2,000만 명으로 나누면 일본인 1인당 연간 약 4만 엔 분량의 반도체를 사용하고 있음을 알 수 있다. 반도체 한 개당 가격이 수십 엔~수천 엔가량이라는 점을 고려하면(1인당 4만 엔이라는 소비는 상당한 금액이다), 일본인의 생활은 상당 부분 반도체에 의존하고 있다는 사실을 알 수 있다.

물론 반도체 외에도 세계 경제를 좌우하는 요소는 많지만, 반도체 업계에 특정 이슈가 발생했을 때 그 영향에서 자유로운 산업은 없다고 말해도 과언이 아니다. 반도체가 세계 경제에 미치는 영향은 그만큼 규모와 범위 모두에서 점점 커지고 있다. 이러한 상황에서 반도체를 모른 채 세계 경제를 이야기한다면 본질을 이해하지 못하고 표면만 보는 격이 된다. 어느덧 반도체 관련 지식은 비즈니스 퍼슨이라면 누구나 알아야 할 필수 교양 지식 중 하나로 자리잡았다.

코로나 소용돌이 속 반도체의 비명

2020년 2월 무렵, COVID-19로 인한 팬데믹이 세상을 떠들썩하게 만들었다. 이와 함께 세계적 반도체 부족 사태가 발생했다. 토요타자동차를 시작으로 자동차 제조 공장들이 생산을 잇달아 중단하며, 신차 공급이 미루어지고 그에 따라 중고차 시장이 과열되었다. 그뿐 아니라 각종 부품 수급이 지연되면서 온수기나 에어컨 등을 수리하기가 어려워지는 등 반도체 부족으로 인해 다양한 문제점들이 나타나기 시작했다.

이러한 혼란은 세계 경제에서 반도체가 얼마나 중요한 존재로 자리매김하고 있는지를 분명히 보여준다.

반도체 없이 세계 경제를 논할 수 없는 이유는 다음 세 가지로 종합해볼 수 있다.

첫째는 '반도체는 다른 대용품이 없다'라는 점이다. 전자기기를 구성하는 1,000여 개의 부품 중 반도체 하나만 없어도 전자기기 제조가 불가능하다.

스마트폰이나 태블릿 컴퓨터와 같은 기기들이 등장함에 따라 우리의 생활은 급속하게 디지털화되었고, 새로운 반도체 응용 기기가 보급되면서 반도체 수요가 지속해 늘고 있다. 더불어 각종 반도체가 적용된 최신 제품들이 등장하면서 반도체 출하량도 빠르게 증가하고 있다.

예를 들어, 예전에 흔히 사용되던 자동차 속도계는 변속기 회전수가 기어와 플렉시블 샤프트, 자석을 거쳐 바늘에 전달되어 속도가 표시되는 기계식이었다. 이 방식은 기계적인 접촉을 이용해 속도계의 바늘을 움직이기 때문에 반도체가 필요하지 않다. 그러나 현재는 기계식 차량 속도계를 적용한 자동차를 거의 찾아볼 수 없다. 현재 속도계에 사용되는 방식은 전기식 혹은 전자식으로 불리는 방식이다. 차속 센서(VSS)나 자동차 바퀴의 회전 센서가 입력받은 정보를 펄스 신호로 변환해 바늘을 움직이거나, 센서에서 받은 정보를 토대로 연산을 해서 모니터에 디지털 방식으로 표시한다. 이 방식에는 센서뿐 아니라 펄스 신호로 변환하거나 연산을 수행하는 반도체도 필요하다.

이렇듯 자동차의 다양한 기능이 전동화되고 제어 방식이 전자화되면서 반도체 수요가 많이 증가했다. 반도체가 다양한 산업 곳곳에 폭넓게 적용되면서, 반도체가 없으면 온갖 경제활동이 멈추는 상황에 직면한 것이다.

둘째는 '반도체는 거액의 돈이 움직이는 거대 산업'이라는 점이다. 반도체 시장은 전 세계적으로 활기를 띠고 있다. IC Insights의 발표에 따르면, 2022년 세계 반도체 제조 설비 투자 총액은 1,904억 달러(한화로 약 257조 8,206억 원)로, 엔화로 약 25조 엔에 달한다. 세계 최대 반도체 파운드리(위탁생산) 기업인 대만의 TSMC는 일본 구마모토현에 공장을 건설 중이며 건설비는 약 9,800억 엔이 투입되었다고 한다. 원자력 발전소의 원자로 1기 건설에 드는 비용이 약 4,000억 엔 전후임을 생각하면, 반도체 제조 공장 건설이 얼마나 큰 비용이 드는 프로젝트인지 쉽게 가늠해볼 수 있다.

반도체 제조 공장은 발전소나 화학 공장과 같이 방대한 부지 안에 거대한 설비를 갖추는 것이 아니다. 그 때문에 새로운 토지가 없어도 제조 설비를 보강할 수 있지만, 수요가 증가했다고 해서 갑자기 제조 설비를 늘리기는 어렵다.

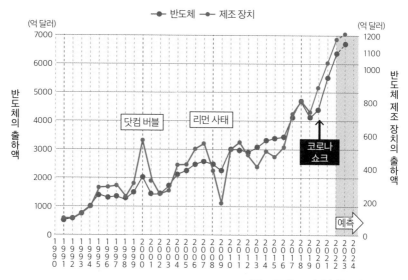

출처: WSTS와 SEMI의 데이터를 토대로 저자 작성

반도체 제조 공장을 신설한다고 하더라도 곧바로 반도체 부족 사태가 해결되는 것은 아니며, 공장 건설 후 반도체를 생산하기까지는 막대한 비용과 시간이 필요하다. 반도체 부족 사태에 대응하고자 공장을 신설하기로 한 뒤 실제 생산을 시작하기까지는 약 2~3년이 더 걸린다.

그뿐 아니라 생산을 시작하고 출하할 수 있는 제품이 되기까지는 수백 가지가 넘는 공정을 거쳐야 하는데, 이를 위해 다시 수개월의 시간이 필요하다. 이러한 업계 특성 때문에 글로벌 반도체 시장에서는 항상

자신들에게 필요한 반도체를 만들어주는 공장을 두고 쟁탈전이 벌어지고 있는 것이다.

셋째는 '반도체 공급망은 상당히 위태롭게 균형 잡혀 있다'라는 점이다. 반도체는 세계 경제나 국제 정세의 영향을 특히 잘 받는다. 반도체 제조와 유통 공급망이 전 세계에 거미줄처럼 뻗어 있기 때문이다.

2020년 2월쯤부터 COVID-19로 인한 팬데믹 사태가 확산하면서 각종 경제 활동이 둔화되었다. 자동차 업계도 신차가 팔리지 않으리라 전망해 감산 계획을 세우고 반도체 주문량을 줄이기 시작했다. 이러한 대응은 반도체 부족이 불러온 자동차 생산 불가 사태의 가장 큰 원인이 되었다.

자동차 업계가 반도체 주문량을 줄였을 당시 세계적으로는 반도체 공급이 부족해지고 있었다. 사회적 거리두기로 집안에 머무는 시간이 길어지면서 영상을 소비하는 시간이 대폭 늘었고, 이에 따라 태블릿이나 개인용 컴퓨터 등의 보급이 빠르게 확대되는 추세였다. 때마침 자동차 생산 감소로 인해 가동되지 않는 반도체 생산 라인은 곧바로 다른 업계의 차지가 되었다.

자동차 업계의 오산 중 하나는 COVID-19로 인한 팬데믹이 얼마나 오래갈지 예상하지 못했다는 점일지 모른다. 혹은 대중교통을 불안하게 여기는 소비자들이 자가용을 이용하면서 자동차의 수요가 오히려

반도체 공장의 이미지(부지 면적: 약 269,000m²)

출처: 소니세미컨덕터매뉴팩쳐링

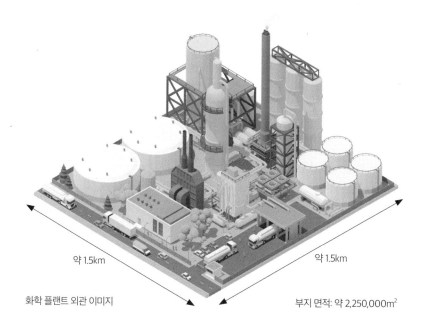

약 1.5km

약 1.5km

화학 플랜트 외관 이미지

부지 면적: 약 2,250,000m²

증가할 것이라는 예상을 하지 못했다는 점일 수 있다.

일례로 미국에서는 이미 흔한 서비스인 카셰어링을 이용하면 바이러스에 감염될 위험이 높아진다는 불안이 퍼져 자가용 이용자가 늘었다. 중국에서는 COVID-19로 인해 수요가 조금 줄긴 했으나, 자동차 수요 자체가 원래 호조였기 때문에 수요는 곧바로 회복되었다. 일본에서는 팬데믹 시작 직후 자동차 판매가 줄었으나 이후 차츰 회복되며 오히려 코로나 전보다 수요가 더 증가하는 모습을 보였다. 이에 따라 자동차 업계가 기존 물량만큼의 생산을 재개하고자 했을 때는 이미 반도체 생산 라인을 확보할 수 없었고, 반도체 공급이 정체되는 사태가 발생하게 된 것이다.

그런 반도체 부족 사태가 더욱 심해진 계기는 반도체 공장에서 연달아 발생한 화재다. 화재의 원인은 각각 다르지만 반도체 제조 장치의 접촉 불량이나 반단선, 과전류를 주된 원인으로 꼽을 수 있다. 2020년 10월에는 아사히카세이일렉트로닉스의 반도체 제조 공장(일본 미야자키현 노베오카시)에서 화재가 발생했고, 이듬해인 2021년 3월에는 르네사스일렉트로닉스의 생산 자회사인 르네사스세미컨덕터매뉴팩처링의 나카공장(이바라키현 히타치나카시)에서 화재가 발생해서 각각 오랜 기간 생산 라인을 가동할 수 없게 되었다. 그로 인해 자동차 산업뿐 아니라 많은 산업에서 반도체를 구할 수 없게 되면서, 반도체 부족 사태는 더욱 심각해

르네사스세미컨덕터매뉴팩쳐링 나카공장 화재 당시의 모습(화재 1개월 후 생산 재개)

출처: 르네사스일렉트로닉스

졌다.

한 공장에서 생산이 멈추면 업계 전체의 생산에 파급이 미치는 이야기는 비단 반도체 업계만의 일이 아니다. 2007년 니가타현 주에쓰에서 일어난 지진으로 자동차 부품 제조사인 리켄의 생산 공장이 피해를 보아 생산 라인이 멈추고, 수많은 자동차 제조사가 자동차를 생산할 수 없게 되었다. 2011년 7월부터 석 달 동안 태국에서 계속된 대홍수로 인해 전자부품의 공급이 지연되면서 조명 기구를 구하기 어려운 사태가 발생하기도 했다.

경제가 세계화되면서 여러 나라 구석구석으로 공급망이 뻗어 있는 현재, 한쪽에서 일어난 사고·재해가 반도체와 전자 부품의 공급에 영향을 주어 최종 제품을 생산할 수 없게 되는 일은 언제 발생해도 이상하지 않다.

반도체 업계에서는 2021년 이후 COVID-19의 확산으로 제조에 필요한 부품과 재료, 제조 장치의 생산, 교통이 번번이 멈추게 되었다. 또한 팬데믹 기간 중 2022년 4월 6월쯤 일어난 중국의 록다운으로 인해 반도체 제조 공장의 인력이 부족해졌고, 그에 따라 생산이 중단된 사례도 있었다. 반도체 제조 공정은 세계 경제의 영향을 받기 쉬워 경제의 움직임에 따라 반도체 공급이 멈추기도 하고, 그로 인해 공급이 부족해져 세계 경제에 다시 영향을 미치기도 하는 등 악순환이 일어나게 되는 것이다.

이렇듯 코로나 소용돌이 속에서 발생한 반도체 부족은 결코 특별한 현상이 아니다. COVID-19라는 전염병과 우연히 타이밍이 겹치면서 반도체와 경제의 상관관계가 선명히 드러난 것이라 할 수 있다. COVID-19로 인해 반도체가 부족해지고 그로 인해 자동차를 생산할 수 없게 된 것은 어디까지나 (반도체 부족 사태의) 겉보기에 불과하고, 그 이면에는 반도체의 특수한 역할이나 업계의 제조와 공급망의 문제가 숨어 있는 것이다. 반도체 부족 사태를 일시적인 경제 이슈로 지나칠 것이 아니라, 반도체 산업의 특징을 제대로 이해한 다음 반도체와 세계 경제 사이의 관계를 확인하는 계기가 되어야 할 것이다.

반도체를 둘러싼 총성 없는 전쟁

반도체가 세계 경제에 미치는 파급 효과는 점점 커지고 있다. 막대한 자본이 움직이는 반도체 산업은 금융과 IT 산업 못지않은 영향력을 갖고 있으며, 인프라와 국방 분야도 반도체 없이는 유지되기 어렵기 때문에, 국가 안보에 직결되는 산업이라고 말할 수 있다. 이 때문에 대부분의 나라는 반도체 시장에서 유리한 입지를 차지하기 위해 전략적으로 대응하고 있으며, 반도체를 둘러싼 각국의 경쟁이 치열해지고 있다.

특히 미·중 반도체 전쟁은 여러 국가가 얽히며 사태가 심화하고 있다. 미국 정부는 2019년 5월, 중국의 통신 기기 최대 기업인 화웨이를 목표로 공격했다. 2020년 12월에는 중국의 반도체 파운드리 최대 기업인 SMIC를 엔티티 리스트(블랙리스트)에 추가했다. 엔티티 리스트는 리스트에 포함된 기업을 상대로 미국 기업이 생산한 반도체의 거래를 금하거나, 미국에서 발명된 기술을 사용하지 못하게 하는 등 제재를 가하는 정책이다.

SMIC에서 만들어진 반도체가 파키스탄에서 핵 개발이나 탄도 미사일 개발에 사용되는 등 중국이나 러시아의 군사적인 개발에 관여하고 있어, 미국의 국가 안전 보장이나 외교 정책에 반한다는 것이 그 이유였다. 미국이 화웨이를 엔티티 리스트에 추가한 또 다른 이유는 5G 통신 인프라 기기에 백도어(정상적인 절차를 거치지 않고 시스템 내부에 침입할 수 있는 소프트웨어상의 출입구를 말함)를 설치해 국가의 기밀이나 개인 정보 등을 유출할 위험이 컸기 때문이다.

화웨이의 통신 기기에 탑재되는 반도체 대부분은 화웨이의 자회사이자 패브리스 반도체 제조사(공장 없이 반도체 설계를 전업으로 하는 기업)인 중국 하이실리콘이 설계하고 SMIC 등이 제조하고 있다. 화웨이가 리스트에 추가된 결과, 하이실리콘이나 SMIC와 같은 반도체 관련 기업도 큰 타격을 받게 된 것이다.

이 외에도 미국은 반도체 산업과 관련해 새로운 수를 계속 두고 있다. 일례로, TSMC와 삼성전자에는 미국에 반도체 공장을 건설할 것을 요구했다. TSMC나 삼성전자 입장에서는 미국에 공장을 건설하기보다 자국에 공장을 건설하는 편이 투자 비용을 아끼는 현실적 방법이겠지만, 미국이 정부 조달에 사용하는 반도체는 미국에 건설한 공장에서 제조한 제품만 사겠다는 등 새로운 정책을 내놓고 있기 때문에 손해를 무릅쓰고 타협해야 하는 상황이다.

반도체 시장에서 입지가 위태로워진 일본도 그저 손을 놓고 있었던 것은 아니다. 소니세미컨덕터솔루션이나 덴소와 같은 기업의 출자를 받아 구마모토현에 TSMC의 반도체 공장을 유치하는 등의 성과를 거두기도 했다.

이런 정치적인 움직임을 이해하는 데에도 반도체 지식이 꼭 필요하다. 반도체 시장 규모는 앞으로도 더욱 커질 것이고, 2030년에는 1조 달러 규모에 달할 것으로 전망한다. 이제 반도체란, 비즈니스 퍼슨이라면 반드시 알아야 할 교양 상식이라 해도 절대 과장이 아닐 것이다.

철강 회사들의 무모한 도전

1990년대 초반 일본의 버블 경제가 붕괴했다. 소위 '히노마루* 반도체'라 불리는 일본 산 반도체의 성장 기세는 약해졌지만 국가 경쟁력은 아직 충분했다. 대부분의 업계 관계자는 '다시 한번 세계 1위에 설 수 있다'라는 믿음을 놓지 않고 있었다.

이즈음 일본의 철강 제조 업체들이 앞다투어 반도체 산업에 뛰어들었던 사실을 아는 사람은 많지 않다. 바로 NKK(현 JFE엔지니어링), 가와사키제철(현 JFE스틸), 고베제강소, 신일본제철(현 일본제철), 이 네 기업이다. 이들은 반도체 시장에 진입한 이유로 모두 '사업의 다각화'를 꼽았다.

처음으로 반도체 산업에 뛰어든 기업은 고베제강소(KOBELCO)다. 고베제강소는 1990년 5월 미국 텍사스 인스트루먼트와 합작해 KTI세미컨덕터를 설립하고 DRAM 양산을 시작했다. 그다음으로 반도체 시장에 진입한 기업은 가와사키제철이다. 가와사키제철은 1990년 8월에 LSI(Large Scale Integrated Circuit, 대규모 집적회로) 사업부를 꾸리고 ASIC(Application Specific Integrated Circuit, 특정 용도를 위한 IC) 등 로직 IC 생산에 착수했다. 1993년에는 NKK와 신일본제철이 DRAM 양산에 착수하며 반도체 제조 열풍에 가세했다. 신일본제철은 미네베어(현 미네베어미쓰미)의 자회사였던 NMB세미컨덕터를 인수하고 사명을 닛테츠세미컨덕터로 변경하며 시장에 진입했다.

진입 초기에는 네 기업 모두 순조롭게 사업을 확장해 나가는 듯 보였다. 그러나 이들도 반도체 산업 특유의 이른바 '실리콘 사이클'에서 예외가 되지 못했다. 4년 주기로 호황과 불황이 나타나는 실리콘 사이클은 막대한 피해를 남기고 이 기업들을 삼켜버렸다. 그뿐 아니라 여타 글로벌 반도체 업체와의 경쟁에서 승리하기 위해서는 제조 라

---

* 히노마루(日の丸)는 일본의 국기인 일장기의 도안 자체를 이른다. 일본의 상징이라는 의미에서 파생되어 '일 본국', '일본에서 유래한 무언가'를 은유하는 뜻으로도 쓰인다.

인을 주기적으로 개선해야 하는데, 정기적으로 발생하는 투자비는 갓 사업에 뛰어든 신생 제조 업체에 너무나 큰 부담이었을 것이다. 불황에 투자비 부담의 늪에 빠진 모든 철강 제조사는 꼼짝없이 손발이 묶여버렸다.

그 결과 신일본제철은 사업에 뛰어든 지 겨우 5년 만인 1998년에 사업 철수를 발표하고, 지바현 다테야마시에 있었던 반도체 공장을 대만의 UMC(United Microelectronics Corporation)에 매각한다. 고베제강소의 KTI세미컨덕터는 1999년에 미국 마이크론테크놀로지의 투자를 받아 KMT세미컨덕터로 사명을 변경하며 사업 재건을 도모했다. 그러나 그 뜻도 이루어지지 못하고 2001년 마이크론테크놀로지에 반도체 사업을 매각한다. NKK는 1999년 DRAM에서 ASIC으로 생산 품목을 전환했으나 결국 2000년에 반도체 사업 철수를 발표하고 사업을 후지쯔에 넘긴다. 네 회사 가운데 마지막까지 고군분투한 곳이 가와사키제철이다. 가와사키제철은 DRAM이 아닌 ASIC 등 로직 IC를 주력으로 삼고 있어 실리콘 사이클로 인한 피해가 비교적 적었기 때문에 가능한 일이었다. 2012년까지 사업을 유지하다 같은 해 7월, 메가칩스에 사업을 매각한다. 결과적으로 모든 철강 제조사가 반도체 시장에서 사라진 것이다.

철강 제조사가 반도체 시장에서 성공을 거두지 못한 이유 중 하나는 철강 사업과 너무 다른 시장이라는 점을 들 수 있다. 신일본제철이 사업 철수를 발표한 1998년, 한 기자 회견 자리에서 지하야 아키라[**]는 1,000억 엔의 손실을 추궁하는 기자의 질문에 "비싼 수업료였다. 급격한 가격 변동과 제품의 빠른 세대교체 등이 철강 사업과 너무 달랐다"라고 밝혔다. 여러 철강 회사가 반도체 시장에서 성공을 거두지 못한 이유가 이 한 문장 안에 모두 담겨 있다.

[**] 전 신일본제철 사장이자 일본철강협회 회장.

제 2 장

우리에게
없어서는 안 될
반도체

반도체란 도대체 무엇인가

반도체는 우리 생활 속에 존재하는 물건 중, 전기로 움직이는 거의 모든 제품에 사용된다. 에어컨, 청소기, 세탁기, TV와 같은 가전제품과 개인용 컴퓨터, 스마트폰, 태블릿 컴퓨터와 같은 전자제품, 그리고 자전거, 비행기, 배 등의 운송 수단, 공장에서 활용하는 산업 기기나 병원에서 사용하는 의료기기 등 모든 분야에서 반도체를 사용하고 있다.

그럼, 반도체란 도대체 무엇일까.

반도체는 원래, 전기가 통하는 도체와 전기가 통하지 않는 절연체의 중간적인 성질을 가지는 물질을 의미한다. 금이나 은, 동 등 전기가 잘 통하는 금속은 도체다. 도체는 전기가 잘 흐르는 소재로, 전선이나 단자 등에 사용된다. 반면에 고무, 유리, 콘크리트와 같이 전기가 거의 통하지 않는 물질을 절연체라 부른다. 전선의 피복이나 애자(전기를 절연하고

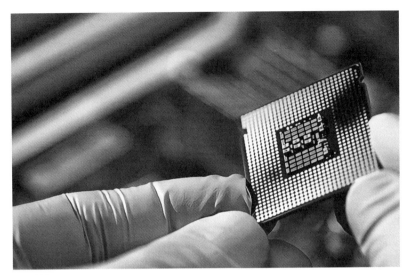

반도체 칩

트랜지스터

전선을 지탱하기 위해 사용되는 기구) 등, 전기를 차단해야 하는 곳에 사용하는 물질이다. 반도체는 다른 원소를 섞음으로써 전기가 잘 통하게 되는 성질을 갖고 있으며, 게르마늄이나 실리콘이 이에 속한다.

그러나 비즈니스나 경제 관련 기사에서 등장하는 '반도체'는 이런 물질 자체를 의미하지는 않는다. 실리콘으로 만들어진 트랜지스터나 집적 회로(IC)*, LED(발광 다이오드), 센서 등, IC 이외의 기능을 가진 부품, 또는 소자(전기 회로의 구성 요소)를 통상적으로 '반도체'라고 부른다.

트랜지스터는 증폭 기능과 스위칭 기능이 있는 소자로, 약하게 흘러 들어온 전기 신호를 진공관처럼 몇 배씩 증폭시키기도 하고, 전기 신호를 내보내거나 차단하는 스위치의 역할도 할 수 있다. IC는 반도체로 만든 전자 회로의 집합을 가리키는 것으로, 실리콘으로 만들어진 웨이퍼 위에 매우 많은 수의 트랜지스터나 저항기, 콘덴서 등의 독립된 요소를 집적해 조밀하게 합친 반도체다. 녹색의 PCB** 위에 지네처럼 생긴 작고 얇은 상자(검은색 몸통에 은색 다리가 여러 개 붙어 있다)가 놓인 부품을 사진으로나마 접한 사람도 있을 것이다. 이러한 모양은 IC의 대표적인 형

---

* Integrated Circuit: 콘덴서(전기를 저장하는 전자 부품)와 저항기(전류의 흐름을 막는 부품), 트랜지스터 등의 기능을 한곳에 모은 회로.

** Printed Circuit Board: 도체 배선이 가늘게 인쇄된 판으로 각종 부품을 끼울 수 있게 되어 있어 부품을 상호 연결하는 역할을 한다.

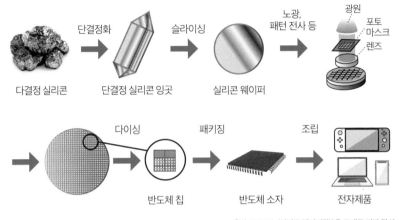

단결정화
슬라이싱
노광,
패턴 전사 등
광원
포토
마스크
렌즈

다결정 실리콘
단결정 실리콘 잉곳
실리콘 웨이퍼

다이싱
패키징
조립

반도체 칩
반도체 소자
전자제품

출처: SUMCO, '실리콘 웨이퍼란'*을 토대로 저자 작성

태 중 하나다. IC는 매우 작고 섬세한 부품이기 때문에 보통은 단일로 사용하지 않고 수지로 감싸서 사용한다. IC 안에는 놀라울 만큼 복잡하고 세밀한 회로가 탑재되어 있어 전자제품의 두뇌 역할을 담당한다.

비즈니스상 반도체에 관해 이야기할 때는 그것이 반도체의 재료를 뜻하는 것인지, 트랜지스터나 IC, 센서 등 특정 기능을 가진 소자나 장치를 의미하는 것인지를 확실히 해둘 필요가 있다. 이 책에서 기술한 반도체란, IC 등의 기능을 가진 소자 또는 장치를 의미한다.

---

*   https://www.sumcosi.com/ir/glance/wafer.html

사회 인프라의 중추가 된 반도체

반도체는 다음과 같이 다양한 기능이 있는 소자와 장치로 분류된다.

- **디지털 반도체**　데이터의 연산 처리나 기억을 수행하는 반도체로, 사람의 '두뇌'와 같은 기능을 가진다. 메모리 반도체(DRAM이나 낸드 플래시), 로직 반도체(ASIC: 특정 용도로 맞춤 제작된 IC, ASSP: 특정 용도로 표준 화된 IC, 표준 로직), 마이크로 반도체(MPU: Micro Processor Unit, MCU: Micro Controller Unit, DSP: Digital Signal Processor) 등이 있다.

- **아날로그 반도체**　시간상으로 연속인 전압, 전류 또는 그 밖의 형태를 한 신호(아날로그 신호)를 그대로 처리하고 제어하는 반도체로, 아날 로그 신호를 처리하는 회로들이 모여 있는 커다란 시스템을 매우 크 기가 작은 칩으로 만든다. 연산 증폭기, AD 컨버터, DA 컨버터 등이 있다.

- **센서**　열, 빛, 온도, 압력, 소리 등의 물리적이거나 화학적인 양의 변화를 감지해 전기 신호로 변환해 출력하는 부품이나 기구를 가리 킨다. 사람으로 말하자면 '오감'의 기능을 하며, 온도 센서, 압력 센 서, 가속도 센서 등이 있다.

- **전력 반도체**　전자 기기에 들어오는 전력(전류와 전압)을 변환하고 분

배·제어하는 반도체다. 'IC(Integrated Circuit, 집적회로)'가 아닌 '디스크리트(Discrete, 개별 소자)'로 분류되어 다룰 수 있는 전력이 비교적 크다. 전력 MOSFET, 다이오드, IGBT, 사이리스터 등이 있다.

그렇다면 실제로 반도체는 어떤 식으로 활용되고 있을까.

우선, 대부분의 사람이 매일 많은 시간을 함께하는 스마트폰에는 마이크로프로세서(컴퓨터로 말하자면 연산이나 제어의 기능을 모아 놓은 것)가 사용된다. 그 외에도 사진이나 동영상, 음악 등을 저장하기 위해서는 메모리 반도체가 필요하고, 사진과 동영상을 촬영하는 데는 이미지 센서가 활용된다. 그리고 음악을 재생하기 위해 DA 컨버터(Digital to Analog Converter: 디지털 음성 신호를 아날로그 음성 신호로 변환하는 기능 또는 기기)와 오디오 앰프가 사용되며, 또한 통화나 인터넷 접속을 실행하는 데는 무선 통신 IC도 필요하다. 스마트폰에는 이렇게 다양한 반도체가 여러 개 탑재되어 있다.

그 외에도 에어컨이나 전기밥솥에는 온도 센서가 달려 있고, 온도 센서 안에는 감지한 온도를 전기 신호로 변환하는 반도체가 들어 있다.

최근 화제가 되고 있는 드론에도 많은 반도체가 사용된다. 드론 속 반도체는 여러 프로펠러의 회전 속도를 따로따로 제어함으로써 상승과 하강, 전진이나 회전 등의 움직임을 가능하게 한다. 드론을 조종하는 사

전자제품을 구성하는 반도체, 전자 부품의 기능

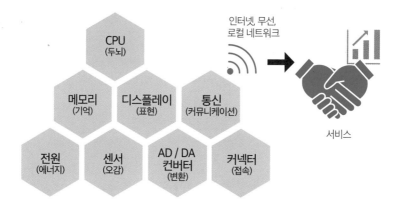

저자 주: CPU = 컴퓨터의 중심적인 역할을 담당하는 연산장치, 중앙 처리 장치

출처: 저자 작성

람은 진행 방향을 컨트롤하거나 상승과 하강 등의 움직임을 조작하지만, 각 프로펠러의 회전 속도까지 컨트롤하지는 않는다. 이때 조종자가 신호를 보내면 드론 안에 있는 무선 수신 회로가 신호를 수신하고 수신된 신호를 마이크로컨트롤러(MCU)에 입력한다. 그리고 마이크로컨트롤러가 각 프로펠러 구동 모터에 보낼 신호를 자동으로 계산하는 작업을 한다. 그러면 모터를 제어하는 IC가 프로펠러의 회전 속도를 조절하는 것이다.

센서가 사람의 모습을 인식해서 자동으로 추적하는 기능을 가진 드론의 경우, 촬영한 이미지를 통해 사람의 모습을 판별하거나 사람을 추적하기 위해 기체를 컨트롤하는 등의 처리가 필요한데, 이러한 동작은 모두 반도체 없이는 구현할 수 없다.

한편, 2010년대에 들어서면서 형광등과 백열전구가 반도체의 한 종류인 LED로 빠르게 대체되고 있다. LED 전구는 수명이 길고 소비 전력이 적어 선호도가 높다. 이러한 이유로 가정이나 회사에서 사용하는 조명뿐 아니라 신호기 등도 LED로 바뀌기 시작했다.

기존의 백열전구는 저항값이 높은 필라멘트에 전류를 흘려보냄으로써 저항으로 가열된 필라멘트가 빛을 발산하는 원리였다. 형광등은 가스를 채운 방전관(또는 발광관)에 높은 전압을 걸어 방전을 일으켜, 방전되면서 발생한 자외선을 형광 물질에 충돌시켜 빛을 낼 수 있게 하는 전구였다. 반면에 반도체를 사용해 제작한 LED 전구는 흐르는 전기 에너지 그대로를 빛으로 변환할 수 있는 성질이 있다. 그 덕에 낭비되는 에너지가 적고, 적은 에너지로 강한 빛을 낼 수 있는 친환경 조명 기구가 탄생할 수 있었다.

LED와 같이 2000년 무렵부터 급격히 반도체로 대체되고 있는 물건으로 FPD(Flat Panel Display)라는 부품이 있다. 이름 그대로 얇고 평평한 모양의 영상 표시 장치 전체를 가리키며, 액정 디스플레이(LCD)나 유기 발광 다이오드(OLED) 디스플레이 등이 모두 여기에 포함된다. 대개 FPD는 박막 트랜지스터(TFT)라고 불리는 반도체가 화면 가득 배열되어 있다. 배열된 트랜지스터 쪽으로 보낼 신호를 변환하거나 화상을 처리할 때도 반도체가 필요하다.

얼마 전까지 영상 표시 장치의 주류를 차지하던 브라운관을 최근에는 거의 찾아볼 수 없게 되었고, 컴퓨터 모니터나 가정에서 사용하는 TV의 표시 장치 대부분은 반도체를 이용한 FPD로 대체되었다. 크기가 매우 크고 무거운 브라운관에 비해 FPD는 얇고 가벼워서 작은 화면을 만들기 쉽다.

반도체는 전기 분야를 시작으로, 수도와 가스 등 생활 인프라를 지탱하는 주춧돌로서 큰 역할을 하고 있다. 예를 들어, 화력 발전이든 원자력 발전이든 큰 에너지를 생산하는 발전소에는 화로와 원자로 주변 설비에 고도의 제어 장치가 반드시 있어야 한다. 제어하기 위한 각종 센서와 센서의 신호를 처리하는 장치에는 당연히 많은 반도체가 사용되고 있다.

그리고 발전소에서는 수만 볼트의 전기가 만들어지는데, 전기는 전압이 높을수록 전송 효율이 높기 때문에, 발전소에서 만들어진 전기는 수십만 볼트의 매우 높은 전압으로 변환해 내보내진다. 이렇게 각 지역의 변전소나 변압기로 전송된 전기는 대규모 공장(60,000V)이나 일반 가정(100V/200V)에 맞는 전압으로 변환되어 우리에게 전해진다. 전압을 변환하는 데 사용하는 장치인 변압기도 반도체를 빼고는 제대로 기능할

반도체(디바이스)

디스크리트(개별 반도체)

- 다이오드
  일반 정류 다이오드
  고속 정류 다이오드
  - FRD(Fast Recovery Diode)
  - HED(High Efficiency Diode)
  - SBD(Schottky Barrier Diode)
  스위칭 다이오드
  제너 다이오드
  ESD 보호 다이오드
  바리캡 다이오드
- 트랜지스터
  MOSFET
  접합형 전계 효과 트랜지스터
  양극성 접합 트랜지스터
  IGBT
- 사이리스터
- 반도체 모듈

마이크로파 디바이스

- 디스크리트
  고주파 다이오드
  고주파 트랜지스터
  - 바이폴라 트랜지스터
  HBT(Hetero-junction Bipolar Transistor)
  BJT(Bipolar Junction Transistor)
  - 전계효과형 트랜지스터(FET, Field Effect Transistor)
  MESFET(Metal Semiconductor Field Effect Transistor)
  HEMT(High Electron Mobility Transistor)
  MOSFET
  (Metal Oxide Semiconductor Field Effect Transistor)
  JFET(Junction Field Effect Transistor)
- IC
  GaAs IC
  모놀리식 마이크로파 IC
- 모듈

광반도체

- 발광 소자
  발광 다이오드(LED)
  - 가시광 LED
  - 적외선 LED
  레이저 다이오드
  - 광 픽업용
  - 통신용
- 수광 소자
  광 다이오드
  광 트랜지스터
  광 사이리스터
  광 트라이악
  촬상 소자
  - CCD 이미지 센서
  리니어(선형) 센서
  에리어 센서
  - CMOS 이미지 센서
- 광복합 센서
  포토커플러
  포토 릴레이
  포토 인터럽터
- 광 통신용 소자

센서 / 액추에이터

- 센서
  온도 센서
  압력 센서
  가속도 센서
  자기 센서
  조도 센서
  근접 센서
  자이로 센서

- 액추에이터
  광학 셔터
  바이몰프형
  히트싱크(펠티에 소자)

출처: 도시바 일렉트로닉 디바이스 앤 스토리지 코퍼레이션(이하 '도시바')의 자료를 토대로 작성

IC(집적회로)

■ 메모리

■ 휘발성 메모리
RAM
- DRAM
  FPDRAM(Fast Page Mode DRAM)
  EDODRAM(Enhanced Data out DRAM)
  SDRAM(Synchronous DRAM)
  DDRSDRAM(Double Data Rate SDRAM)
  DRDRAM(Direct Rambus DRAM)
  FCRAM(Fast Cycle RAM)
  SGRAM(Synchronous Graphics RAM)
  VRAM(Video RAM)
- SRAM
  저전력 SRAM
  고속 SRAM
  PSRAM
  동기식 SRAM
  DDR 동기식 SRAM
  QDRSRAM(Quad Data Rate SRAM)
  ZBTRAM(Zero Bus Turn around SRAM)

■ 비휘발성 메모리

RAM	ROM
• FeRAM	• 마스크 ROM
• MRAM	• EPROM(Erasable PROM)
• ReRAM	• EEPROM(Electrically EPROM)
	• 플래시 메모리
	노어(NOR) 형
	낸드(NAND) 형

■ 로직

■ ASIC(주문형 반도체)
- 세미커스텀 IC
  게이트 어레이
  임베디드(내장형) 어레이
  셀 베이스 IC
  PLD(Programmable Logic Device)
  FPGA(Field Programmable Gate Array)
- 풀 커스텀 IC

■ ASSP(특정 용도 표준 IC)
- 음향 기기용   • QA 기기용
- 통신 기기용   • 자동차용
- 영상 처리용   • 디스플레이용
- 컴퓨터 / 주변기기용   • 그 외 ASSP

■ 표준 로직

CMOS	Bi-CMOS
	바이폴라

하이브리드 IC

■ 박막 IC
■ 후막 IC

■ 마이크로프로세서

■ MPU
8비트
16비트
32비트
64비트
128비트
■ MCU
4비트
8비트
16비트
32비트
■ DSP

아키텍처에 따른 분류
■ RISC
■ CISC

■ 아날로그

■ 표준형 리니어
연산 증폭기
비교기
인터페이스 IC
AD / DA 컨버터
전원용 IC
■ 혼성 신호 IC
생활용품용 리니어
컴퓨터/주변기기용 리니어
통신기기용 리니어
자동차용 리니어
산업기기용 리니어
그 외 리니어
■ 아날로그 ASIC

수 없다.

또한 최근 재생 가능 에너지 중 하나로 주목받고 있는 태양광 발전에는 빛 에너지를 전기 에너지로 변환하는 태양전지 반도체가 사용되고 있다.

이처럼 반도체는 가정이나 회사뿐 아니라 인프라와 의료 등 사회 각 분야에서 빠질 수 없는 존재가 되었다. 반도체가 고장이 나거나, 필요할 때 구할 수 없다면 우리의 생활은 유지되기 어려울 것이다. 우리 생활에서 반도체의 중요성은 점점 더 커지고 있다.

한 번쯤 들어보았을 전공정, 후공정 이야기

반도체를 이야기하기에 앞서, 반도체가 어떻게 만들어지는지 제조 과정을 알아볼 필요가 있다. 그 이유는 반도체가 만들어지는 공정 자체가 단계별 비즈니스와 연관되기 때문이다.

반도체 제조 프로세스는 400~600단계의 공정에 달하며, 단계마다 전용 장치와 노하우가 필요하다. 반도체 제조 공정은 크게 세 가지로 나눌 수 있다.

반도체의 제조 공정

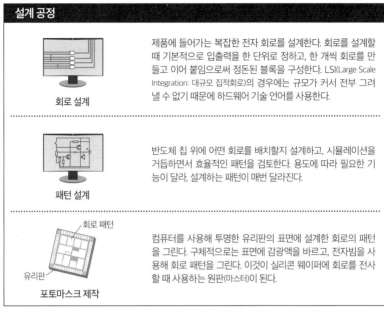

설계 공정

회로 설계

제품에 들어가는 복잡한 전자 회로를 설계한다. 회로를 설계할 때 기본적으로 입출력을 한 단위로 정하고, 한 개씩 회로를 만들고 이어 붙임으로써 정돈된 블록을 구성한다. LSI(Large Scale Integration: 대규모 집적회로)의 경우에는 규모가 커서 전부 그려낼 수 없기 때문에 하드웨어 기술 언어를 사용한다.

패턴 설계

반도체 칩 위에 어떤 회로를 배치할지 설계하고, 시뮬레이션을 거듭하면서 효율적인 패턴을 검토한다. 용도에 따라 필요한 기능이 달라, 설계하는 패턴이 매번 달라진다.

포토마스크 제작 / 회로 패턴 / 유리판

컴퓨터를 사용해 투명한 유리판의 표면에 설계한 회로의 패턴을 그린다. 구체적으로는 표면에 감광액을 바르고, 전자빔을 사용해 회로 패턴을 그린다. 이것이 실리콘 웨이퍼에 회로를 전사할 때 사용하는 원판(마스터)이 된다.

출처: SEMI, '일러스트로 배우는 반도체 공정'을 토대로 저자 작성

1. 설계 공정

2. 전공정

3. 후공정

---

* https://www.semijapanwfd.org/manufacturing_process.html

먼저, 설계 공정은 회로 설계, 패턴(레이아웃) 설계, 포토마스크 제작으로 나눌 수 있다. 회로 설계에서는 반도체 안에 들어가는 회로 배선을 설계한다. 반도체(집적회로) 내부에는 트랜지스터나 저항기, 콘덴서 등 많은 소자가 배치되어 매우 복잡하게 구성되어 있다. 반도체는 전기로 움직이는 두뇌라고 말할 수 있다. 한 기기의 두뇌 역할을 하는 만큼, 다양한 기능과 고도의 성능이 요구되는데, 이를 실현하기 위해서는 회로 설계나 반도체 자체의 능력뿐 아니라 반도체가 탑재되는 기기의 성능도 뒷받침이 되어야 한다. 반도체(회로 설계) 엔지니어는 최적의 회로를 설계하기 위해 시뮬레이션을 수없이 반복한다. 또 반도체 칩에 조립하는 회로의 일부분은 'IP(Intellectual Property) 코어'로서 라이선스를 판매하기 때문에 구매해 사용할 수 있다. 대표적인 IP 코어로는 2016년에 소프트뱅크가 인수한 영국 ARM의 'ARM Core'가 있다.

패턴 설계는 설계한 회로를 반도체 기판 위에 배열하는 작업이다. 효율적으로 배열하지 않으면 반도체 면적이 커져 비용이 커질 뿐 아니라 처리 성능을 높일 수 없게 된다. 이 작업도 시뮬레이션을 거듭하면서 최적화를 거친다.

마지막으로 반도체 안에 회로를 새겨 넣기(식각) 위한 포토마스크를 만든다. 반도체의 회로는 빛을 이용한 전사를 통해 만들어진다. 전사를 위해 사용되는 포토마스크는 다층 구조로 이루어진 반도체 내부의 각

충만큼 준비한다.

전공정은 실리콘 웨이퍼 제조부터 시작한다. 웨이퍼란 반도체의 주원료가 되는 실리콘으로 만든 실리콘 잉곳*을 얇게 자른 원판으로, 직경은 50~300mm 정도이고, 두께는 1mm 정도다. 실리콘 잉곳에는 일레븐 나인이라 불리는 순도 99.999999999%의 실리콘이 사용된다.

전공정에서는 이 웨이퍼 위에 수십 개에서 수백 개에 달하는 반도체 칩을 체크무늬처럼 가지런히 나열한다. 반도체가 하나씩 낱개로 만들어지는 것이 아니라, 한꺼번에 대량으로 만들어지는 과정을 이해하기 위해서는 스티커나 카드같이 작은 인쇄물을 만드는 과정을 떠올리면 도움이 될 것이다. 인쇄물의 경우, 작은 종이에 하나씩 인쇄하려면 잔손이 많이 간다. 그래서 어느 정도 크기가 맞는 종이에 여러 개를 올려 한 번에 인쇄한 뒤에 잘라낸다. 반도체 칩도 마찬가지로, 같은 형태의 반도체 칩 여러 개를 한 장의 웨이퍼에 한꺼번에 찍어내는 것이다.

전공정에서는 산화, 노광·패턴 전사(포토리소그래피), 식각이라는 세 개의 공정을 반복하며 회로를 그려 넣는다. 산화 공정에서는 절연체나 금속으로 실리콘 웨이퍼 위에 절연 박막을 만든다. 박막이란 두께가 나노미터 오더(나노미터 nm, 1nm = 10억분의 1m)인 매우 얇은 막을 가리킨다. 박

---

* Ingot: 금속 또는 합금을 한번 녹인 다음 주형에 흘려 넣어 굳힌 원기둥 모양의 물체.

반도체의 제조 공정

반도체 웨이퍼 제조

와이어 톱
실리콘 잉곳
웨이퍼

실리콘 잉곳 절단

실리콘 잉곳이란, 실리콘(규소: Si)의 단결정(덩어리 전체의 원자가 규칙적으로 배열해 하나의 결정을 이룬 것, 결정의 방향이 일정함) 덩어리를 뜻한다. 이것을 와이어 톱으로 얇게 잘라 웨이퍼를 만든다.

연마제
연마용 패드

웨이퍼 연마

울퉁불퉁한 실리콘 웨이퍼의 표면을 연마제와 연마 패드를 이용해 거울처럼 연마한다.

반도체 회로 형성

①

고온 산소

산화막
실리콘

웨이퍼 표면 산화

웨이퍼를 고온의 산소에 노출하는 것으로 표면을 산화시키는 공정. 산화막은 절연층이 되어 트랜지스터의 구성 요소가 된다.

②

박막 재료

박막
산화막
실리콘

박막 형성

웨이퍼의 표면에 다양한 재료로 박막을 형성하는 공정. 막을 형성하는 방법으로는, 재료 가스에 노출한 웨이퍼 위에 막을 형성시키는 CVD 법, 방전으로 이온화시킨 재료를 웨이퍼 표면에 충돌시켜 막을 형성하는 스퍼터링 방식 등이 있다.

출처: SEMI, '일러스트로 배우는 반도체 공정'을 토대로 저자 작성

막의 재료로는 절연체인 실리콘 산화막이나 질화규소 등을 사용하고, 금속 중에는 다결정 실리콘이나 알루미늄이 주로 사용된다.

박막의 형성 방법에는 여러 가지가 있는데, 그중 대표적인 것이 화학기상증착(CVD: Chemical Vapor Deposition)법이다. 이 방법은 원료가 되는 가스를 챔버에 주입해 에너지(열, 플라스마)를 가해 기판 표면에 화학반응을 일으켜, 그 반응물을 목표물인 실리콘 웨이퍼 위에 증착하는 방법이다. CVD는 에너지원으로 플라스마(고체, 액체, 기체에 이은 제4의 물질 상태)와 열을 이용하는 방법이 있으며 그 외에도 스퍼터링법, 진공증착법 등이 사용된다.

박막의 형성 단계에서 실리콘 웨이퍼 위에 회로 패턴이 새겨지는 것은 아니다. 얇은 막이 그저 균일하게 펴져 있을 뿐이다. 이 박막 위에 포토레지스트(감광제)를 골고루 도포해 포토마스크를 통해 자외선과 같은 빛을 노출하면, 포토레지스트에 회로 패턴이 현상된다. 이렇게 패턴을 전사하는 공정을 포토리소그래피, 빛을 노출하는 공정을 노광이라 부른다.

그다음은 식각이라는 공정으로 박막의 불필요한 부분을 제거하는 과정이다. 이 과정에서 현상된 포토레지스트가 그 아래 깔린 박막을 보호해 주기 때문에 박막은 패턴대로 모양이 남는다. 식각 공정에는 식각 장치가 사용된다. 식각 후에는 다시 산화를 통한 성막과 패턴 전사,

전공정

다음의 과정을 수 회 반복한다(③부터⑩)

③

포토레지스트 도포

포토레지스트라고 불리는 감광제를 웨이퍼 표면에 균등하게 바른다. 감광제가 빛에 반응함으로써 회로 패턴을 새길 수 있게 된다. 노출하는 광원의 종류에 따라 포토레지스트의 재료가 다르다.

④

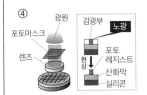

노광·패턴 전사

웨이퍼 표면에 포토마스크와 축소 렌즈를 통해 빛을 노출해, 회로 패턴을 새긴다. 그다음에 현상액으로 불필요한 포토레지스트 부분을 제거한다. 포지티브 방식에서는 빛을 받은 부분이, 네거티브 방식에서는 빛을 받지 않은 부분이 제거된다.

⑤

식각

포토레지스트로 형성된 패턴을 따라 산화막, 박막을 깎아 낸다. 포토레지스트가 덮인 부분은 남긴다.

⑥

레지스트 박리·세정

남은 포토레지스트를 벗겨 낸다. 그 뒤에 웨이퍼 위에 남아 있는 불순물을 용액에 담가 제거한다.

출처: SEMI, '일러스트로 배우는 반도체 공정'을 토대로 저자 작성

전공정

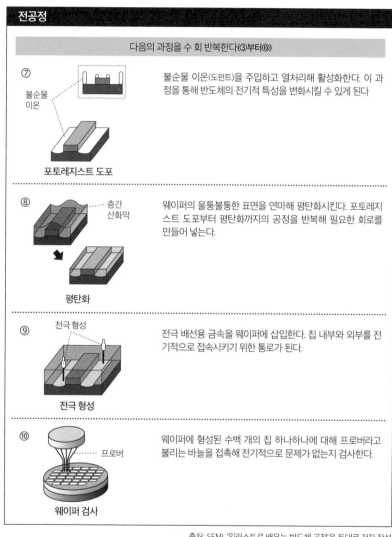

다음의 과정을 수 회 반복한다(③부터⑩)

⑦

불순물 이온

포토레지스트 도포

불순물 이온(도펀트)을 주입하고 열처리해 활성화한다. 이 과정을 통해 반도체의 전기적 특성을 변화시킬 수 있게 된다.

⑧

층간 산화막

평탄화

웨이퍼의 울퉁불퉁한 표면을 연마해 평탄화시킨다. 포토레지스트 도포부터 평탄화까지의 공정을 반복해 필요한 회로를 만들어 넣는다.

⑨

전극 형성

전극 형성

전극 배선용 금속을 웨이퍼에 삽입한다. 칩 내부와 외부를 전기적으로 접속시키기 위한 통로가 된다.

⑩

프로버

웨이퍼 검사

웨이퍼에 형성된 수백 개의 칩 하나하나에 대해 프로버라고 불리는 바늘을 접촉해 전기적으로 문제가 없는지 검사한다.

출처: SEMI, '일러스트로 배우는 반도체 공정'을 토대로 저자 작성

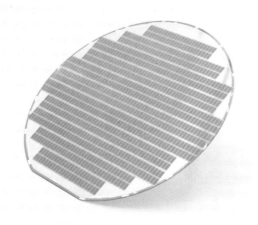

실리콘 웨이퍼(반도체 칩까지 만들어진 상태)

에칭 장치(출처: 도쿄일렉트론)

식각 과정을 반복하며 복잡하고 입체적인 구조를 만들어 간다.

후공정은 조립과 테스트 공정이라고도 불린다. 웨이퍼 위에 만들어진 반도체를 칩째로 잘라내어 용도에 맞는 형태로 가공하는 공정이다. 후공정은 다이싱, 와이어 본딩, 패키징, 최종 검사의 4단계로 나뉜다.

다이싱은 웨이퍼를 절단하고 반도체 칩을 잘라내는 작업이다. 반도체는 파손되기 쉽고 대단히 섬세하기 때문에, 다이싱을 할 때는 냉각이나 세정을 위해 초순수를 뿌리면서 다이아몬드 블레이드로 절단한다. 잘라낸 반도체 칩을 리드 프레임이라는 금속 기판 위에 설치하고, 프레임과 반도체를 리드선(금으로 만든 가는 도선)으로 연결한다(와이어 본딩). 그리고 섬세한 반도체를 보호하기 위해 에폭시 수지로 감싼다(패키징 혹은 몰딩). 이 리드 프레임이 앞서 지네 다리에 비유한 다수의 금속 단자에 해당하고, 검은색 상자 모양의 물체가 반도체를 감싼 수지다.

패키징까지 마친 후 전기 특성 시험이나 외관 검사 등의 제품 검사와 환경 시험, 수명 시험 등의 신뢰성 테스트를 거친 후에야 비로소 반도체가 완성된다. 이처럼 반도체는 설계 공정에서 내부의 회로를 설계하고, 전공정에서 반도체의 회로를 만든 다음, 후공정에서 반도체로 사용할 수 있는 형태로 제작되는 것이다.

반도체 제조 공정에는 아주 작은 티끌이나 먼지의 침입도 허용되지 않는다. 반도체는 지극히 높은 품질 기준에 맞추어 청결하게 유지된 환

반도체의 제조 공정

후공정	
다이아몬드 블레이드 **다이싱**	웨이퍼를 다이아몬드 블레이드로 절단해 개개의 칩으로 분리한다.
와이어 본딩	리드 프레임이라 불리는 금속판에 칩을 고정하고, 리드선(얇은 금속 도선)을 얹어 순간적으로 가열 압착해 접속시킨다.
패키징	손상이나 충격에서 칩을 보호하기 위해 수지로 감싼다.
최종 검사	온도나 전압 시험, 전기 특성 시험, 외관 검사 등 여러 번의 시험을 통해 이상이 없는지 확인해 불량품을 제거한다.

출처: SEMI, '일러스트로 배우는 반도체 공정'을 토대로 저자 작성

경에서만 제조가 가능하다. 다시 말해, 반도체를 제대로 만들기 위해서는 설계뿐 아니라 제조 현장 관리에도 높은 기술력이 필요한 것이다. 이 때문에 만약 반도체 공장을 유치한다 해도 높은 기술력을 가진 전문 기술자들 다수가 필요하며, 그 외에도 다양한 조건이 뒷받침되어야 반도체를 만들어 낼 수 있는 것이다.

반도체의 재료 이야기

반도체의 재료라고 하면 실리콘을 떠올리는 사람이 대부분일 것이다. 실리콘 자체는 도체와 부도체(절연체)의 중간 상태인 '반도체'의 성질을 띤다.

그렇지만 사실 실리콘만으로는 반도체를 만들 수 없다. 하프늄이나 크롬, 텅스텐 등의 희귀 금속 외에도 반도체 내부 배선에 사용되는 알루미늄이나 구리, 리드 프레임과, 반도체를 연결하는 데 쓰이는 금, 패키징에 필요한 에폭시 수지 등이 모두 반도체의 재료다. 이렇듯 반도체에는 실리콘과 희귀 금속을 포함해 많은 재료가 사용되고 있다.

반도체를 제조하기 위해서는 반도체 본체를 만드는 데 포함되는 재료가 아니더라도 반도체 공정상 다양한 재료가 필요하다. 요리에 비유하면 파스타를 만드는 과정에서 쓰이는 물과 같은 재료들이다. 물만으로 파스타라는 음식을 만들지는 못 하지만, 면 반죽에도 물이 필요하고 파스타를 삶을 때도 물이라는 매개체가 필요하다. 반도체에도 이처럼 재료로 필요하긴 하지만 반도체 안에 남지는 않는 재료들이 많이 존재한다.

예를 들어, 박막에 증착되는 포토레지스트의 페놀 수지는 식각 공정에서 제거되어 최종 반도체 제품에는 남지 않는다. 식각에 사용되는 가스에는 육불화황(SF_6)이나 사불화탄소(CF_4) 등의 불소 가스가 사용되는데, 이 재료들은 식각 공정에서 박막을 제거하는 역할을 한 후 함께 사라진다.

반도체 생산에 사용되는 제조 장치를 제작하는 데 필요한 재료도 있다. 요리에 비유하자면 냄비나 프라이팬에 사용되는 철이나, 불을 피울 때 사용하는 연료에 해당한다. 노광 공정에서 사용하는 엑시머 레이저의 발생 장치에는 네온, 아르곤 등의 비활성 기체가 사용된다. 다이싱 공정에서 웨이퍼를 자를 때 사용되는 다이아몬드나, 초순수 등도 반도체 제조에 꼭 필요한 재료다.

이렇듯 반도체를 제조하기 위해서는 매우 많은 종류의 희귀 재료가 필요하다. 이 때문에 반도체는 재료의 생산지나 가공 공장이 세계 도처에 존재한다. 예를 들어, 실리콘의 주요 생산국은 중국이나 노르웨이지만, 실리콘 웨이퍼는 일본과 한국, 대만 등에서 주로 생산한다. 박막에 사용하는 희귀 금속은 러시아를 비롯해 다양한 나라에서 생산되어 미국 등지에서 가공한다. 또한 노광 공정에서 사용하는 레이저 발생 장치에 필요한 네온은 우크라이나에서 생산된다.

반도체 재료 분야에서는 일본 기업들이 상당한 존재감을 드러내고 있다. 다음 페이지의 반도체 재료 업체 리스트에서 알 수 있듯, 특히 포토레지스트나 특수 가스 등의 액체·기체 재료 분야에서 높은 점유율을 보인다. 품질에 대한 고집으로 꾸준히 개선함으로써 얻어진 현장 노하우의 힘일 것이다.

반도체는 제조 공정에서 다양한 재료가 사용되고, 이 재료들은 해외 각국에서 만들어져 반도체 생산지로 수송된다. 글로벌 사회로 접어들면서 재료의 생산지와 최종 제품의 생산지가 다른 산업이 많아졌다. 예를 들어, 수지, 자동차 등 여타 공업 제품도 재료의 생산 공장은 해외 각국에 퍼져 있고, 이 재료들이 조립 공장으로 배송되어 최종 완성품이 만들어지는 구조로 되어 있다. 반도체는 특히 제조 과정에서 다양한 희귀 재료가 필요하기 때문에, 공급망이 전 세계 구석구석에 퍼져 있다는 것이 특징이다.

반도체 재료와 주요 일본 업체 리스트

반도체 재료	일본 주요 제조사(세계 점유율)
실리콘 웨이퍼	신에쓰화학공업(29%) SUMCO(22%)
포토마스크	다이닛폰인쇄(10%) 돗판인쇄(10%) HOYA(4%)
포토레지스트	JSR(27%) 동경응화공업(26%) 신에쓰화학공업(17%) 스미토모화학(11%) 후지필름(10%)
CMP 슬러리	FUJIMI INCORPORATED(10%) 쇼와덴코(11%) 후지필름(14%)
특수 가스(WF6)	칸토덴카코교(32%) 센트럴글래스(15%)
특수 가스(클리닝 가스, LPCVD)	센트럴글래스(70%) 칸토덴카코교(22%)
타겟 재료	JX닛코닛세키금속(32%) 토소(20%)
IC용 리드 프레임	미쓰이 하이텍(20%) 닛코덴키코교(16%)

출처: 일본 경제산업성 「2020년도 기술관리체제강화사업 마이크로일렉트로닉스 관련
산업 기반 실태 조사 보고서, 반도체 재료 시장 조사」를 바탕으로 저자 작성

반도체 제조사들의 성패를 가르는 비즈니스 모델

반도체 제조사에는 수직 통합형과 수평 분업형이라는 두 가지 비즈니스 모델이 존재한다. 수직 통합형은 반도체의 설계 공정, 전공정, 후공정을 모두 한 회사에서 맡아 수행하는 방식을 말한다. 반면에 수평 분업형이란, 설계 공정, 전공정, 후공정, 이 세 공정을 여러 회사에서 분담하는 형태를 말한다.

수평 분업형 모델은, 예를 들어 설계는 미국에서 하고 전공정은 대만에 있는 회사에서 담당한다. 그리고 마지막으로 말레이시아 회사가 후공정을 맡는 식이다. 최근에는 인터넷이 발달하면서 설계 도면을 해외에 있는 회사로 '눈 깜빡할' 사이에 보낼 수 있게 되었다. 그래서 설계 회사가 위치한 나라와 제조 회사가 자리한 나라가 같을 필요가 없다. 또한 반도체는 매우 작고 가벼운 제품이기 때문에 전공정을 맡는 공장에서 후공정을 맡는 공장까지 재공품(제작 중인 제품)을 비행기로 수송하는 일이 가능하다. 그 덕분에 국경을 뛰어넘어 수평 분업이라는 비즈니스 모델을 유지할 수 있다.

수평 분업형 비즈니스에서 설계를 전문으로 하는 회사를 '팹리스 기업', 전공정을 담당하는 제조 전문회사를 '파운드리 기업', 후공정을 담당하는 회사를 'OSAT(Outsourced Semiconductor Assembly and Test)'라고 부른다. 그리고 반도체 제조사 중 설계부터 제조와 판매까지 모든 것을 자체 진행하는(수직 통합형) 기업을 종합 반도체 회사 또는 IDM(Integrated Device Manufacturer)이라고 부른다.

기존의 반도체 제조사는 대부분 수직 통합형이었다. 특히 일본에서는 반도체가 사용되는 TV나 음향기기를 설계하고 개발하는 시점부터, 해당 기기에 맞는 전용 반도체를 함께 설계해 제조하는 구조가 일반적이었다. 반도체를 제조할 뿐 아니라, 생산한 반도체를 적용한 전자제품을 조립해 최종 제품을 생산하는 작업까지도 한 회사 내에서 모두 진행하는 시스템이었던 것이다.

특히 1970년대부터 1980년대까지는 NEC(일본전기)나 후지쯔, 도시바, 미쓰비시전기, 히타치제작소, 소니나 마쓰시타전기산업(현 파나소닉)과 같은 회사들의 경쟁이 치열했다. 이들은 설계부터 제조까지, 자체 개발한 반도체를 탑재해 성능이 뛰어난 음향 기기와 영상 기기 등을 잇달아 출시했다. 예를 들어, 한 기업 안에 일반 사용자를 고객으로 하는 전자기기 개발 본부가 있고, 그 산하에 반도체 사업부를 두어 해당 조직을 통해 설계 공정부터 후공정까지 전 공정에 대응하는 시스템이었다.

지금은 거의 볼 수 없게 되었지만, 1970년대~1980년대 일본에서는 반도체뿐 아니라 반도체 제조 장치까지 전자제품 제조사 또는 관련 기업이 제조하는 일이 많았다. 다만 이런 경우, 반도체 제조 장치의 A~Z

까지 전자제품 회사 또는 관련 기업이 만드는 것이 아니라, 반도체 제조사가 제조 장치 샘플을 만들면 그 후 반도체 제조 장치 업체가 제조만 하는 방식이었다.

당시에는 뛰어난 성능에 가격도 저렴한, 믿을 수 있는 반도체를 시장에 투입할 수 있는 것은 수직 통합형 비즈니스 모델이기에 가능하다고 믿었다. 실제로 1980년대부터 1990년대에 걸쳐 일본의 전자제품 회사가 세계 시장을 석권할 수 있었던 것은, 특정 용도에 최적화된 반도체를 개발하고, 바로바로 제조할 수 있는 전자기기 부문을 갖추어, 수직 통합형 비즈니스의 강점이 발휘된 덕분이라고 분석한다.

그러나 1990년대 이후 반도체 시장에서는 수평 분업형으로 이행하기 시작했다. 이러한 변화는 반도체 수요가 증가함에 따라 대량 생산 체제가 필요해졌기 때문이다.

전자제품 시장이 빠르게 디지털화됨에 따라 반도체 제조사들은 다양한 디지털 제품에 필요한 반도체를 대량으로 생산해야 했다. 또한 경쟁사와의 경쟁에서 이기기 위해서는 생산 라인 개선에 지속적인 투자가 필요하지만, 최신식 설비가 등장할 때마다 도입하기에는 어마어마한 투자 비용에 대한 부담도 존재했다. 수백~수천억 엔 단위의 설비를 자사 제품에만 쓰이는 전용 반도체 개발을 위해 투자하는 것은 매우 위험 부담이 큰 모험이다. 게다가 제조한 반도체가 반드시 잘 팔린다는

반도체 기업과 비즈니스 모델

업태	역할·사업 활동			
	설계	제조	조립·시험	판매
IDM	●	●	●	●
팹리스	●	–	–	●
파운드리	–	●	–	–
OSAT	–	–	●	–
반도체 상사	–	–	–	●

출처: 유나이티드세미컨덕터재팬, '반도체 제조업에서의 파운드리란'을 토대로 저자 작성

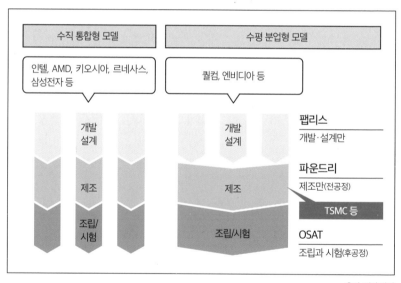

출처: 저자 작성

---

* https://www.usjpc.com/services/foundry

보장도 없다. 이러한 속사정이 있어 설계 공정과 제조 공정을 각각 다른 기업이 담당하는 수평 분업형으로 자연스럽게 변한 것이다.

설계를 담당하는 기업은 거금의 투자에서 해방되기 때문에 사업을 효율적으로 운영할 수 있다. 그리고 제조를 담당하는 기업은 다수의 고객사를 유치할 수 있어 제조 규모를 확대하기 쉽고 업무 효율을 더 높일 수 있다.

외적으로는 인터넷의 보급이 반도체 비즈니스 모델 전환의 원동력이 되기도 했다. 인터넷 덕분에 멀리 떨어진 장소에 있어도 실시간으로 의사소통이 가능하고, 개발이 지연되거나 품질이 떨어지는 사태도 막을 수 있게 되었다. 예를 들어, 미국에 있는 팹리스 기업이 설계한 도면을 대만의 파운드리 기업에 실시간으로 발송하고, 제조 기술자가 도면을 확인한 뒤 미국에 바로 회신해 수정본을 받는 소통 방법은 인터넷이 있기에 가능해진 것이다. 반도체 제조에 필요한 재료와 부품의 공급망뿐아니라, 설계나 제조 공정 자체가 전 세계에 걸쳐 조성되는 것은 반도체 업계의 비즈니스적 특징이기도 하다.

수평 분업형 비즈니스 모델은 반도체를 주문하는 회사와 해당 주문에 맞는 반도체를 설계하는 회사, 제조하는 회사가 각각 따로 존재하는 형태다. 뉴스에서 '미국 엔비디아가 반도체를 생산하고 있다'라는 내용이 보도되었다고 가정해 보자. 수평 분업형 비즈니스 모델에서는 파운드리 기업이 제조를 담당할 뿐, 엔비디아와 같은 팹리스 기업이 직접 제조하는 것은 아니다. 팹리스 기업이 담당하는 것은 어디까지나 개발과 설계까지일 뿐, 반도체를 직접 제조하는 것이 아니라는 점을 이해해야 한다.

반도체 업계의 동향을 올바르게 파악하기 위해서는 업무 현장에서 거론되는 반도체 회사가 개발·설계를 담당하는 팹리스 기업과 제조를 담당하는 파운드리 기업 등으로 다시 나뉜다는 점을 염두에 두는 편이 좋다. 각각 다른 정체성을 가진 이러한 회사들을 반도체 기업이라는 큰 카테고리 하나로 뭉뚱그리는 것은 비즈니스 동향을 엉뚱하게 이해하는 원인이 되기도 한다.

최근 미국의 애플을 비롯해 구글이나 아마존닷컴 등 독자적인 단말이나 특수한 서버가 필요한 기업들이 반도체를 자체 개발하려는 움직임을 보인다. 이러한 경우, 전자제품 개발부터 반도체 제조까지의 모든 공정을 직접 담당하려는 것이 아니라, 자사 전용 반도체를 설계해 TSMC와 같은 파운드리 기업에 제조를 맡기는 것이라는 점을 알아두도록 하자.

이렇듯 반도체 비즈니스 모델은 수직 통합형에서 출발해 수평 분업형으로 옮겨가고 있으며, 최근에는 수직 통합형과 수평 분업형의 장점만을 모아 적용하는 방식이 주를 이루고 있다. IT나 자동차 업계에서도 수직 통합형이나 수평 분업형이라는 틀에 얽매이지 않고 공급망과 밸류체인*을 최적화하려 하고 있다.

최근 몇 년 사이, GAFA[구글, 아마존닷컴, 페이스북(현 메타플랫폼즈), 애플]를 비롯한 플랫폼 기업들이 수직 통합형과 수평 분업형을 통합한 반도체 비즈니스 모델을 내놓고 있다. 이렇듯 전체 반도체 생태계의 관점에서 보면 수직 통합형 모델이 낡은 방식이라고 할 수만은 없다.

자동차 업계의 핵심 키워드인 'CASE: Connected, Autonomous, Shared, Electric'이라는 용어에서 알 수 있듯 자동차 업계에서는 자율 주행과 전동화가 급속히 진행되고 있다. 특히 EV(전기 자동차) 시장이 급속히 커가는 상황에 완성차 업체와 부품 공급자의 관계에 수십 년에 한 번 일어날 만한 대변혁이 일어나고 있다.

자동차 업계에는 완성차 제조사에 기기나 부품을 납품하는 1차 부품 공급 기업군(Tier1)이 존재한다. 이 Tier1에 부품을 납품하는 Tier2, 그 아래에 Tier3와 같이 2차, 3차 부품 공급기업군이 줄줄이 이어지며 복잡한 공급망을 이루고 있다. 또한 지금까지는 자동차 완성차 회사에서 Tier1에 반도체 선정을 맡기고, 반도체와 전자 부품의 조달·재고 관리 등은 Tier2와 Tier3에게 일임하는 방식이 일반적이었다. 최근에는

---

* Value Chain: 기업이 제품과 서비스를 생산하기 위해 원재료를 사서 가공·판매해 부가가치를 창출하는 일련의 과정을 뜻한다.

부품 모듈화의 영향으로 Tier3가 Tier2에 반도체를 납품하는 경우도 있었지만, 보통은 반도체 제조사가 Tier2 입장에서 Tier1에 반도체를 납품한다.

그러나 전기 자동차 최대기업인 미국의 테슬라는 반도체를 자체 설계하고 반도체 제조 기업과의 유대를 강화해 일부 반도체 설계를 내제화*하는 방식으로 시장에서의 경쟁력을 높였다. 이런 흐름을 바탕으로, 자동차 완성차 업체들도 자사에 반도체 전문가를 고용해 반도체 사양을 반주문, 제작하려 움직이고 있다. 다시 말해 '기존보다 현명한 반도체 고객이 되는 방법'에 관심이 높아졌다고 할 수 있다.

반도체 산업은 글로벌 분업에 유리한 제품이기 때문에, 이전처럼 완전한 수직 통합형 비즈니스 모델로 회귀하지는 않겠지만, 수직 통합형과 수평 분업형 비즈니스 모델 사이에서 최적의 형태를 찾는 시도는 자동차 업계 외에서도 꾸준히 이루어질 것이다.

이 논점에 대해서는 내가 2011년에 집필한 책에 다음과 같은 내용으로 기술했다.

---

* 内製化: 외부에 위탁·발주하던 생산·공정 등을 회사 자체적으로 담당하는 방식.

'기존의 반도체 기업은 어디로 가야 할 것인가. 설계부터 제조까지 스스로 담당하는 기존의 반도체 기업을 IDM(Integrated Device Manufacturer)이라 부른다. IDM조차 최근에는 파운드리 기업에 제조의 일부(전공정)를 위탁하고 있다. 반도체 수요의 변화에 맞게 자사의 제조 능력을 초과하는 발주라고 판단될 때에는 자사 공장에 투자하지 않고, 파운드리 기업에 생산을 위탁한다. 이로써 IDM 기업은 자사 공장의 과도한 투자에 따르는 위험을 피할 수 있다. 이렇게 생산의 일부를 위탁하는 사업 전략을 "팹라이트화"라고 부르는데, 앞으로 IDM이 어떤 식으로 팹라이트화를 추진하느냐가 사업 효율을 증진하는 열쇠가 될 것이다.'

『グローバル時代の半導体産業論(글로벌 시대의 반도체 산업론)』

신소재 전력 반도체, SiC와 GaN이란?

반도체라고 하면 마이크로프로세서나 메모리를 떠올리는 사람이 많을 것이다. 그러나 최근 들어 많은 기업이 전력 반도체에 주목하고 있다. 전력 반도체를 활용하면 해당 전자제품의 전력 소비량을 줄일 수 있기 때문에, 에너지 절약이나 이산화탄소 배출 감소에 공헌할 수 있다. 이 때문에 전력 반도체 시장 규모는 나날이 커가고 있으며, 전기 자동차나 친환경 자동차에서는 '핵심 장치'로 자리매김하고 있다. 반도체 시장에서의 비중이 작아지고 있는 일본 제조사들도 전력 반도체에 한해서는 아직 높은 경쟁력을 보여 다수의 일본 반도체 제조사가 주목하고 있는 시장이기도 하다.

기존의 전력 반도체는 일반적으로 Si(실리콘)을 사용했다. 그러다 약 10년 전부터 두 가지의 새로운 재료를 사용한 전력 반도체가 상용화되기 시작했다. SiC(탄화규소) 전력 반도체와 GaN(질화갈륨) 전력 반도체다. 탄화규소와 질화갈륨은 둘 다 재료 자체의 특성이 전력 반도체에 적합하다. 전력 손실을 줄이거나 고속 스위칭을 구현하기에 유리하고, 높은 온도에서 동작이 가능하다는 장점이 있다. 따라서 SiC 전력 반도체와 GaN 전력 반도체를 전원 회로에 적용하면 전력 소비량을 줄이거나 소형화·경량화하는 데 유리한 것이다.

SiC 전력 반도체는 테슬라의 전기 자동차에 탑재되며 이미 상용화가 시작되었다. 일본에서는 토요타자동차나 혼다 등이 연료전지 차량에 적용한 사례가 있고, 전기 자동차나 하이브리드 차량(HEV)에는 2024년 무렵부터 본격적으로 탑재될 전망이다. 이 외에도 일본에서는 철도, 차량 등에 사용되기도 한다.

또한 GaN 전력 반도체를 개인용 컴퓨터나 스마트폰 등의 AC 어댑터나 급속 충전기에 적용하는 사례가 늘고 있다. 최근 들어 AC 어댑터나 급속 충전기의 크기가 작아졌다고 느낀 사람들이 있다면, 이는 GaN 전력 반도체를 적용함으로써 소형화가 가능해진 덕분이라고 이해하면 된다.

앞으로 SiC 전력 반도체나 GaN 전력 반도체가 다양한 애플리케이션에 적용된다면, 전력 소비량을 절감하고 전원 회로를 소형화·경량화하는 일이 가능해질 것이다. 다만, 2022년 현재는 비용이 너무 비싸다는 과제가 남아 있다. 비용 문제를 해결할 수만 있다면 'SiC'와 'GaN'이라는 용어를 우리가 더 자주 접하게 될 것이다.

그뿐 아니라, GaO(산화갈륨)이라는 소재를 사용한 차세대 전력 반도체도 주목받고 있다. GaO은 재료의 일부 특성에서 SiC와 GaN을 뛰어넘는 모습을 보여, 성능이 뛰어난 전력 반도체를 구현할 가능성이 충분한 재료다. 2022년 8월 시점으로는 제품의 본격적인 양산이 시작되지 않았으나, 앞으로 'GaO'를 눈여겨보아야 할 것이다.

제 3 장

반도체
산업의 발전과
문명의 발달

세상의 가치관을 바꾼 반도체

근대 문명의 발달은 기술의 발달과 함께해왔다. 그동안 증기 기관이나 가솔린 기관, 전구와 비행기 등의 다양한 발명이 근대 문명을 발전시켜 왔다. 새로운 기술이 사람들의 생활을 바꾸고 경제를 움직이며 국가들의 관계를 바꾸어 온 것이다. 그리고 반도체 또한 문명을 발달시키고 세계를 크게 바꾸어 왔다.

기술의 발달 중에서도 우리의 일상과 밀접하게 관련된 것으로는 기록 매체의 진화를 대표적인 예로 들 수 있다. 1990년 무렵까지 이동식 디스크(미디어 정보를 꺼내어 수정할 수 있도록 만든 저장 장치)에 사용되는 저장 매체는 플로피 디스크를 비롯한 자기 저장 장치*나 카세트테이프 등의

---

* 재료의 자기적 특성을 이용해 데이터를 저장하는 장치. 자기 디스크, 자기 테이프, 자기 원통, 자기 카드 등이 있다.

자기 테이프가 주류였지만, CD·DVD 등의 광디스크를 거쳐 반도체 메모리로 넘어오면서 저장 용량은 기하급수적으로 늘어났다. 지금은 손톱보다 작은 마이크로 SD 카드의 저장 용량이 1테라바이트가 넘는 수준이다. 크기는 이전보다 작아졌지만, 반도체 덕분에 방대한 정보를 저장할 수 있게 된 것이다. 자기 저장 장치 시대에는 저장 매체의 용량이 부족해 파일을 저장할 때마다 난처한 경우가 흔했지만, 최근에는 그런 일이 거의 발생하지 않게 되었다. 데이터 저장에 관한 가치관의 변화로, 정보를 저장하는 문화 자체가 달라졌다고 말할 수 있다.

반도체의 전신은 누구? 반도체 출현 이전의 세상

반도체는 앞으로도 꾸준히 진화하며 세상의 가치관을 바꾸어 갈 것이다. 앞으로 올 세계가 반도체의 영향을 받아 어디까지 달라질지 논하기 전에, 지금껏 반도체가 어떻게 세상을 바꾸어 왔는지를 살펴볼 필요가 있다.

반도체가 발명되기 전 비슷한 역할을 맡았던 존재는 진공관이다. 진공관이란 유리로 만들어진 용기 내부를 진공 상태로 만들어, 전극의 전위차로 전류가 흐르게 만든 전기 장치로, 1904년에 영국의 전기 기술자 존 앰브로즈 플레밍이 발명했다.
플레밍은 우리가 중고등학교 교과
과정에서 전기에 관해 배울 때 등장
하는 '플레밍의 법칙'을 고안한 것으
로 알려진 인물이다. 그리고 진공관
의 원리를 처음 발견한 것은 백열전
구의 창시자로 유명한 토머스 에디
슨이다.

진공관

에디슨은 백열전구를 연구하던
중 신기한 현상을 발견한다. 진공 상
태의 유리 용기 안에 금속판과 필라멘트를 배열하고 필라멘트를 가열
하는 실험을 했더니, 금속판과 필라멘트가 연결되어 있지 않아도 금속
판에서 필라멘트로 전류를 흘려보냈을 때는 그 사이에 전류가 흐르고,
반대로 필라멘트에서 금속판으로 전류를 흘려보냈을 때는 전류가 흐
르지 않는 것이었다. 이것을 '에디슨 효과'라고 부른다.

반도체에는 다양한 소자가 존재하는데 그중 대표적인 것이 트랜지스
터다. 트랜지스터는 '증폭'과 '스위칭'이라는 두 역할을 하는 부품이다.
이 외에도 다이오드라고 불리는 반도체 소자는 '정류'라는 역할을 한
다. 정류는 한 방향으로만 전류를 보내는 작용으로, 전자제품 설계에서

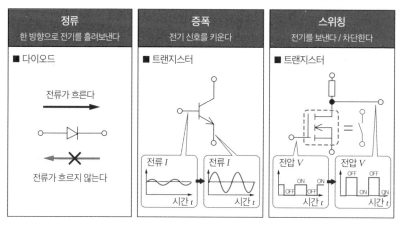

출처: 후지전기, '전력 반도체란''을 토대로 저자 작성

매우 중요하다. 우리가 콘센트를 통해 받아오는 전기는 교류이기 때문에, 전하의 크기와 전류의 방향이 주기적으로 바뀐다. 정류는 +−가 바뀌는 교류 전기를 직류 전기로 바꿀 때 사용된다.

에디슨이 발견한 에디슨 효과는 바로 이 정류에 해당하는 작용이다. 플레밍은 에디슨에게 받은 실험용 백열전구를 이용해 연구를 진행했고, 2극 진공관을 발명했다. 2극 진공관은 라디오 방송의 주파를 수신하는 복조기에 사용되어 이후 반도체가 발명되기 전까지 50년 가까이

---

* https://www.fujielectric.co.jp/products/semiconductor/about/

활용되었다.

그러나 플레밍이 발명한 2극 진공관에는 트랜지스터가 담당하는 중요한 역할 중 하나인 증폭 기능이 없었다. 증폭 기능이 있는 진공관은 3극 진공관이라 불리며, 1906년 미국의 리 드 포리스트가 발명했다. 원래는 2극 진공관의 특허를 침해하지 않도록 필라멘트와 금속판 사이에 한 개의 전극을 추가하려는 발상에서 시작되었는데, 이것이 증폭이라는 역할이 탄생하는 계기가 되었다.

일반적으로 증폭이라고 함은 '10을 100이나 1000으로 늘리는 것'이라고 생각하기 쉽다. 그러나 전기의 세계에서 말하는 증폭이란 '1의 힘으로 100이나 1000을 다루는 것'이라는 뜻이다. 전류는 흔히 물의 흐름에 비유하는데, 100으로 흐르는 물을 손으로 직접 막아내기 위해서는 100의 힘으로 물을 되돌려 보내야 한다. 이때 수문을 미리 만들어 두고 지렛대 원리로 문이 움직이게 해 두면, 1의 힘으로 문을 움직여 물을 막을 수 있게 된다. 가하는 힘과 조작할 수 있는 물의 양은 비례 관계로, 2의 힘을 주면 200의 물을, 3의 힘을 주면 300의 물을 조작할 수 있다. 이것이 증폭의 원리다.

3극 진공관에서는 필라멘트와 추가된 전극 사이에 작은 전류를 보내면 추가된 전극과 금속판 사이에 더 큰 전류가 흐른다. 이렇게 진공관에 증폭이라는 기능이 생기면서 트랜지스터 전신으로서의 형태가 완성된다.

진공관은 라디오 외에도 군용 무선 통신 장비에 사용되었다. 이후, 1946년에는 진공관과 기계식 스위치를 이용한 세계 첫 컴퓨터인 ENIAC이 미국에서 개발되었다. 약 1만 8,000개의 진공관이 사용되어 총 중량이 3톤에 달하는 이 컴퓨터는 미국군의 탄도를 계산하기 위해 사용되었다. 이에 따라 그전까지 7시간씩 걸리던 계산이 3초 만에 끝났다고 한다.

이렇게 진공관은 반도체의 전신으로서 세계의 기술을 크게 진보시

ENIAC

켰지만, 단점도 있었다. 전력 소비량이 많고, 진공관 자체의 발열이 매우 심하다는 점이다. 또한 유리관 안에 들어 있는 전극이 손상되기 쉽다는 문제도 있어, 진공관을 대신할 더 튼튼하고 작은 부품이 나타나길 바라며 반도체 개발이 시작되었다.

2022년인 지금도 산업계에서는 진공관이 사용되고 있지만, 진공관이 담당하던 역할은 고음질 오디오나 위성 통신 등의 용도를 제외하고는 기본적으로 거의 반도체로 대체되었다.

역사적 존재의 출현, 트랜지스터

지금과 같이 작고 성능이 뛰어난 반도체가 하루아침에 만들어진 것은 아니다. 진공관 라디오의 전신인 광석 라디오 시대부터 반도체가 소재로 사용되기는 했지만, 아직 단독의 '반도체 소자'가 있었던 것은 아니다. 기능을 가진 반도체 소자로서 트랜지스터가 발명되었을 때 비로소 반도체 시대의 막이 열렸다고 말할 수 있다.

원래는 통신 용도로 사용되었던 진공관을 대체할 물건으로 처음 반도체를 연구하기 시작했고, 실제로 장거리 통화나 군용 무선 통신 장비 등에 반도체가 적용되었다.

트랜지스터는 1947년 12월 23일에 발명되었다. 당시 미국의 AT & T 의 벨연구소에서는 존 바딘, 월터 브래튼, 윌리엄 쇼클리, 이 세 명이 한창 반도체를 연구하고 있었다. 벨 연구소는 전화를 발명한 것으로 유명한 그라함 벨의 이름을 따서 지은 연구소로, 주로 전기 통신에 관한 기술을 연구하는 곳이다.

바딘과 브래튼은 조건을 바꾸어 가며 수없이 실험을 거듭했고, 드디어 신호를 증폭해 주는 점 접촉 트랜지스터 개발에 성공했다. 당시에는 고순도 게르마늄에 세워진 금 소재의 바늘 두 개를 통해 신호가 증폭되는지만 확인할 수 있는 수준의 간단한 장치였고, 증폭의 특성이 불안정한 탓에 상용화에 이르지는 못했지만 역사적인 사건이었다.

이 연구 결과를 바탕으로 꾸준히 개량을 시도한 결과, 5주 뒤인 1948년 1월 말, 쇼클리는 새로운 접합 트랜지스터를 발명한다. 트랜지스터는 반도체 재료에 불순물을 섞어 P형과 N형이라고 불리는 두 개 형태의 반도체를 만드는데, 점 접촉 트랜지스터는 P형과 N형 반도체가 금으로 된 바늘을 접촉하게 만든 선을 통해 점으로만 연결되어 있었다. 그에 반해 쇼클리가 발명한 접합형 트랜지스터는 P형과 N형을 샌드위치 구조로 겹친 것이었다. 접합형 트랜지스터는 성능이 안정적이고 양산에 적합한 구조로 되어 있어 현재의 반도체에도 쓰이는 트랜지스터의 원형이 되었다.

트랜지스터의 발명은 말 그대로 이후 세상을 뒤흔들었다. 쇼클리가 발명한 트랜지스터에 크게 영향을 받은 것이 응용 기기 중 하나인 보청기다. 기존의 보청기는 진공관을 사용해서 크기가 도시락 상자만 했다고 한다. 그 때문에 보청기를 이용하는 사람은 보청기를 넣는 전용 가방을 들고 다녀야 했는데, 트랜지스터의 발명으로 1953년 휴대형 보청기가 등장하면서 보청기 업계에 변혁이 일어난 것이다.

그러나 쇼클리의 트랜지스터가 활약한 분야는 매우 한정적이었다. 보청기나 라디오 종류에만 사용할 수 있었고, 당초 의도했던 통신 분야에서는 거의 사용되지 못했다. 쇼클리의 트랜지스터는 녹는점이 낮은 게르마늄으로 만들어져 있어, 열에 취약하고 쉽게 품질이 떨어진다는 단점이 있었다.

물(얼음)의 녹는점이 0℃라는 것은 흔히 알려진 사실이지만, 게르마늄의 녹는점이 938℃라는 점을 아는 사람은 드물 것이다. 이는 현재 반도체의 주된 재료로 사용되는 실리콘의 녹는점은 1,410℃, 공업용 제품으로 널리 사용되는 철의 녹는점은 1,583℃인 것에 비해 상당히 낮은 온도인데, 이러한 단점에도 불구하고 트랜지스터 개발에 게르마늄을 사용했던 이유는, 다른 반도체 재료보다 가공이 용이했기 때문이다. 용도가 한정적이긴 했지만, 쇼클리의 게르마늄 트랜지스터는 소니의 전신인 도쿄통신공업이 개발한 라디오에 적용되어 트랜지스터 라디오라는 이름

트랜지스터 라디오

으로 널리 알려졌다.

소니의 트랜지스터 라디오가 개발되기 1년 전인 1954년, 트랜지스터 역사에 또 다른 터닝포인트가 찾아온다. 텍사스 인스트루먼트의 고든 틸이 실리콘으로 된 트랜지스터를 개발한 것이다. 텍사스 인스트루먼트는 1952년 석유 탐사 회사인 미국의 지오피지컬서비스(GSI)에서 분리해 설립된 반도체 기업이다. 당시 반도체는 이미 세계를 뒤흔들 가능성이 있는 거대한 사업으로 인식되고 있었다. 실제로 1957년 시점에 반도체 시장은 약 1억 달러(당시 엔화 환율로 환산하면 약 360억 엔)의 규모에 달했다고 한다. 틸이 개발한 실리콘 트랜지스터는 게르마늄 트랜지스터의 약점이 었던 내열성이나 내구성 문제를 극복했고, 통신이나 라디오 시장은 크게 움직이기 시작했다.

이처럼 1940년대 후반에 발명되어 1950년대에 많은 영향을 끼친 트랜지스터의 역사에는 세 개의 전환점이 있다. 그 첫 번째가 1947년 점접촉 트랜지스터의 발명, 두 번째는 1948년 접합형 트랜지스터의 발명, 그리고 세 번째가 1954년 실리콘 트랜지스터의 발명이다. 최초의 트랜지스터를 발명한 쇼클리와 바딘, 브래튼, 이 세 명은 1956년에 노벨 물리학상을 받는다.

막대한 부를 생산한 IC

1958년에는 IC가 발명되며 반도체 업계에 일대 혁명이 일어난다.

IC는 Integrated Circuit의 약자로, 집적회로를 뜻한다. IC는 트랜지스터나 저항기, 콘덴서와 같이 많은 소자를 배열해 만들어진 구조가 매우 복잡한 회로다. 트랜지스터의 발명으로 인해 전자제품 산업은 급속히 발달했고, 제품에 사용된 전자 회로 또한 크게 발달을 했지만, 인쇄회로 기판 위에 몇 백 개나 되는 트랜지스터와 저항기, 콘덴서를 나열해 일일이 '납땜'으로 연결해야 해서 현실적으로 만들기 어려웠다. 이러한 작업은 엄청난 수고가 필요한 수작업이며, 전자제품의 소형화에도 한계가 있었다. 이것은 'tyranny of numbers(숫자의 횡포)'라고 불리며 당시 회로 설계의 커다란 걸림돌로 거론되었다.

이러한 상황에서 한 개의 작은 반도체 기판 위에 트랜지스터와 콘덴서를 모두 올리고, 배선까지 하는 IC라는 아이디어가 등장했다. 텍사스 인스트루먼트의 잭 킬비는 이 아이디어를 현실화시켰다. 킬비가 발명한 IC는 게르마늄으로 만들어졌지만, 같은 해 미국의 페어차일드반도체에서 로버트 노이스가 실리콘으로 만든 IC를 개발했다. 그래서 IC 발명자로는 보통 킬비와 노이스가 언급된다.

킬비는 이듬해인 1959년에 집적회로에 관해 특허를 취득하고, 이 특허를 이용해 일본을 비롯한 반도체 제조사에서 1980년부터 1990년까지 막대한 특허 수입을 벌어들인다. 더 나아가 킬비는 2000년에 노벨 물리학상을 받았다. 그리고 노이스는 1968년에 설립한 미국 기업 인텔의 창시자 중 한 명으로 '실리콘 밸리의 주인'이라고 불린다. 노이스는 1990년 62세의 나이로 세상을 떠났지만, 업계 관계자들은 만약 2000년까지 그가 살아 있었다면 킬비와 함께 노벨상을 받았을 것이라고 입을 모은다.

전자계산기 전쟁과 LSI의 발전

집적회로의 발명으로 커다란 변화를 맞은 제품이 전자계산기(전자식 탁상계산기)다. 전자계산기 자체는 1963년에 발명되었지만, 당시의 전자계산기에는 진공관을 사용했기 때문에 무게가 14kg에 달했다. 크기는 지금의 데스크탑 컴퓨터 본체보다 컸다. 그래도 기존의 기계식(톱니바퀴식) 계산기보다 소음이 적고 계산 속도가 빨라 당시에는 매우 획기적인 발명이었다.

반도체를 사용한 전자계산기가 발표된 것은 1964년이다. 그동안 트랜지스터나 집적회로(IC)의 개발을 주도해 왔던 텍사스 인스트루먼트는 물론, 카시오계산기나 소니, 제2정공사(현 세이코 인스트루먼트), 샤프와 같은 일본 제조사들 모두가 전자계산기 개발에 뛰어들었고, 1960년대 후반부터 1970년대 후반에 걸쳐 '전자계산기 전쟁'이라 불릴 정도로 시장이 활기를 띠었다.

반도체가 진화함에 따라 세상이 다양한 형태로 달라졌지만, 전자계산기 전쟁도 반도체의 진화 못지않게 세상에 크게 영향을 주었다. 전자계산기 전쟁이 가져온 대표적인 변화로 다음의 네 가지 사항을 들 수 있다.

- 군수와 우주 산업 등이 견인하고 있었던 반도체 산업에 민간 수요가 더해지면서 반도체 수요가 급격히 증가했다.
- 집적회로, LSI의 집적도가 더욱 고도화되었다.
- 액정이나 태양전지 등 다양한 제품이 상용화되었다.
- 세계 최초 마이크로프로세서*인 인텔 4004가 개발되었다.

그동안 주판과 기계식 계산기에 맡겼던 계산을 쉽고 빠르게 할 수 있다는 편리함이 일반 소비자들에게 매력으로 작용해 수요가 크게 늘었고, 많은 사람이 전자계산기를 갖고 싶어 했다. 그러나 1960년대 당시에는 전자계산기의 가격이 매우 비쌌기 때문에 일부 기업에서 업무용으로 사용하는 것이 전부였다.

개인이 전자계산기를 소유하려면 제품의 가격 인하와 소형화가 뒷받침되어야 했고, 이를 실현하기 위해서는 LSI(Large Scale Integration)의 집적도를 높이는 개발이 필수적이었다. LSI란, 집적회로 중에서도 특히 트랜지스터 소자 수가 거의 1,000개 이상인 대규모 집적회로를 가리킨다. LSI에는 많은 수의 소자를 집적할 수 있기 때문에 하나의 LSI가 여러 개의 부품을 대체할 수 있다. 이렇게 LSI의 집적도가 높아지면 최종 제

---

*   Microprocessor: 마이크로컴퓨터의 중앙 처리 장치의 기능을 한 개의 칩에 집적한 것.

품에 들어가는 전체 회로 부품 수가 줄어들고, 이는 부품 비용의 절감으로 이어져 제품의 가격 인하와 소형화가 가능하다.

이러한 이유로 전 세계에서 LSI의 집적도를 높이기 위해 노력했다. 1965년에는 '무어의 법칙'이 발표되면서 반도체(LSI)의 집적도가 1년 반만에 2배, 3년 안에 4배로 증가할 것으로 예측하기도 했다.

무어의 법칙이란, 인텔의 창시자 중 한 명인 고든 무어가 반도체 산업의 미래를 전망하며 펼친 경험적 예측론이다. 실제로 반도체는 무어의 법칙을 뛰어넘어 압도적인 기세로 집적도를 높이며 성능이 개선되었다. 이에 따라 무어는 1975년에 '반도체의 집적도는 2년마다 2배씩 즉, 4년 후 4배, 6년 후 16배, 8년 후에는 32배로 증가할 것이다'라고 개정된 예측을 발표했다. 2010년대 후반에 들어서는 반도체 집적도의 증가 폭이 둔화하기 시작하며 무어의 법칙에 어긋난다는 의견도 있었지만, 반도체의 집적도는 거의 반세기 동안 무어의 예측대로 증가해 왔다.

전자계산기는 이렇게 비약적으로 발전한 LSI에 덕분에 소형화·경량화가 가능해졌고, 1970년대에 들어서며 개인이 소장하기 쉬운 도구로서 전 세계에 퍼져 나갔다. 널리 알려진 '카시오미니'가 출시된 것도 전자계산기가 한창 보급되던 1972년의 일이다. 한때는 다수의 전자계산기 제조사가 존재했으나, 도태의 파도에서 살아남은 몇몇 기업들만이 전자계산기 전쟁의 승자로서 영광을 누렸다. 이런 경쟁 덕분에 전자계산기는 더 편리하고 사용하기 쉽게 발전했다.

1973년에는 샤프가 액정 화면을 사용한 전자계산기를 출시했다. 이 계산기는 표시부가 액정으로 되어 있어 더욱 작고 가벼웠다. 샤프는 몇 해 뒤인 1976년, 태양전지를 사용한 전자계산기를 출시한다. 액정이나 태양전지와 같은 기술이 세계에 널리 전파된 것도 전자계산기가 가져온 큰 변화 중 하나다.

전자계산기 전쟁이 가져온 마지막 변화는 마이크로프로세서의 개발로, 이는 세계를 크게 뒤흔드는 사건이었다. 세계 최초의 마이크로프로세서인 인텔 4004는 1971년에 탄생했다. 이는 당시 전자계산기의 개발과 제조에 몸담고 있던 일본의 니폰컬큐레이팅머신(현 비지콤)의 개발자인 시마 마사토시, 그리고 인텔의 페데리코 패긴이 개발했다. 전자계산기 전쟁이 한창이던 당시에는 전자계산기에 사용되는 집적회로를 모두 기종에 맞게 따로 설계·제작하고 있었다. 다양한 전자계산기가 개발되던 시기였기에, 각 기종에 적용할 집적회로를 맞춤 제작하는 작업은 매우 까다로운 일이었다.

1969년 비지콤은 새로운 전자계산기를 출시하기 위해 인텔에 8종의 IC 개발을 의뢰한다. 비지콤은 이 8종의 IC 중 한 가지를 열두 개 탑재한 신규 전자계산기를 개발할 예정이었다. 그러나 당시 인텔은 아직 규모가 큰 회사가 아니었기 때문에, 사내 기술자만으로 8종의 새로운 집적회로를 개발해 낼 여력이 없었다.

이러한 상황을 해결하기 위해 인텔의 테드 호프는 '범용 컴퓨터'라는 개념을 고안한다. 범용 컴퓨터란, 연산 처리를 실행하는 전용 CPU(Central Processing Unit: 중앙 처리 장치)를 만들고, 각기 다른 소프트웨어(프로그램)를 읽어 들여 여러 문제를 처리할 수 있도록 설계하는 개념이다. 프로그램을 바꾸면 여러 가지 유형의 문제를 포괄적으로 처리할 수 있는, 말 그대로 범용으로 사용할 수 있는 컴퓨터를 설계한 것이다. 지금으로써는 당연한 발상이지만 당시로는 매우 획기적인 제안이었다.

비지콤은 다양한 회사의 요구에 맞추면서도 개발 시간과 비용을 절감하기 위해 범용 하드웨어에 소프트웨어를 통해 수요를 맞추기로 결정했고, 인텔의 범용 컴퓨터 제안을 받아들였다. 이후 비지콤의 시마 마사토시와 인텔의 페데리코 패긴*을 필두로 개발을 추진했고 1971년 11월, 인텔 4004가 탄생했다.

참고로 같은 시기에 인텔 4001부터 4003도 개발되었다. 4001은 ROM 전용 메모리라는 메모리 반도체의 일종으로, 기록된 정보를 저장하기 위해서 전원을 유지할 필요가 없는 비휘발성 메모리다. 이 기능 덕분에, 프로그램처럼 사라지면 안 되는 정보를 넣을 수 있다. 4002는

---

* 1969년부터 인텔 4004 설계를 도운 시마 마사토시는 다니던 비지콤을 그만두고 1972년 인텔로 이직하면서 인텔 8080 설계를 주도했다. 페데리코 패긴은 그를 지도하면서 설계를 도왔다.

비지콤 전자계산기

RAM(Random Access Memory)이라는 메모리로, 마이크로프로세서가 처리
한 데이터를 일시적으로 저장하기 위해 사용된다. 전원을 끄면 기록했
던 내용이 사라지는 휘발성 메모리다. 4003은 기억 장치나 디스플레이
를 연결하는 I / O(Input / Output의 약자로, 기계 또는 시스템의 외부에서 내부로 데
이터와 신호를 입력하거나, 내부에서 외부로 출력한다) 회로를 제어하는 역할을 맡
았다. 4004는 마이크로프로세서의 일종인 CPU였다. 정해진 IC를 사용
하고, 원하는 처리에 필요한 소프트웨어를 ROM에 설치한다. 설치하는
소프트웨어를 바꿈으로써 다양한 처리를 할 수 있다. 이후 IC는 컴퓨터
시대를 맞아 한층 더 진화한다.

범용 컴퓨터의 발전

개인용이 아닌 대기업이나 정부 기관을 대상으로 하는 상업용 컴퓨터는 1950년대에 출시되어 업무용 계산 등에 사용되었다. 뒤이어 1964년에는 IBM(International Business Machines)이 시스템/360, 히타치제작소가 HITAC 5020과 같은 대형 범용 컴퓨터를 출시했다. 범용 컴퓨터는 메인 프레임이라고도 불리며 기업의 업무용 계산이나 과학 기술 계산 등 다양한 용도에 대응할 수 있도록 만든 컴퓨터다. 이러한 상업용 컴퓨터는 미국 항공 우주국(NASA)에서 과학 기술을 계산하거나 일본국유철도(현 JR그룹)에서 티켓을 예약하는 등, 다양한 용도로 활용되었다.

당시의 컴퓨터는 시스템만으로 회사의 방 하나를 가득 채울 정도로 엄청나게 크고 값이 비싸서, 현대의 개인용 컴퓨터와 같은 개인 용도와는 거리가 멀었다. 오퍼레이팅 시스템(OS)이나 하드 디스크, 온라인 시스템과 같이 현대와도 공통되는 기술은 대형 범용 컴퓨터의 개발 과정에서 구축되었다. 이러한 기술은 1971년에 개발된 인텔 4004의 구성, 즉 컴퓨터의 구조를 소프트웨어와 하드웨어로 나누는 과정에도 적용되며 컴퓨터 개발의 토대가 되었다.

당시 범용 컴퓨터의 기억 장치에는 반도체가 아니라 자기 코어 메모리라는 것이 사용되었다. 그러나 자기 코어 메모리는 매우 크고, 일일이 수작업으로 제조해야 하는 탓에 비용도 상당히 비쌌다. 인텔의 무어와 노이스는 이러한 상황에 착안해, 반도체 메모리 개발에 주력하기로 한다. 이 무렵 IBM도 반도체 메모리 개발에 착수했지만, 반도체 메모리 또한 비용이 비싸다는 문제로 개발이 순조롭지 않았다.

그러한 상황에 1973년 텍사스 인스트루먼트가 트랜지스터 한 개와 커패시터 한 개를 조합한 4K 비트 DRAM을 개발한다. DRAM이란 Dynamic Random Access Memory의 약자다. RAM(컴퓨터의 정보를 읽고 쓰는 처리가 동시에 가능한 반도체의 기억 장치)의 일종으로, 마이크로프로세

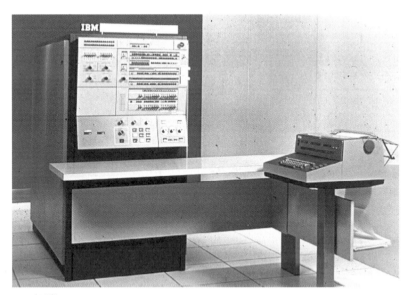

IBM 시스템/360

서의 처리 속도를 향상시키기 위해 빼놓을 수 없는 반도체다. DRAM이 개발된 지 3년이 채 되지 않아 저장 용량이 4배로 높아지는 등 엄청난 기세로 개발 경쟁이 진행되었다.

이 영향으로 일본에서는 1976년에 초고밀도 집적회로(초 LSI) 기술연구조합이 등장했다. 후지쯔, 히타치제작소, 미쓰비시전기, 일본전기, 도쿄시바우라전기(현 도시바)로 구성된 연구 조합은 통상산업성(현 경제산업성)의 지원을 받아 더 좋은 성능의 DRAM을 개발했다. 개발에 참여했던 다섯 회사는 1976년 각각 16K 비트 DRAM 제품화에 성공한다. 이렇게 개발된 DRAM은 범용 컴퓨터와 유선 전화의 전자 교환기 등에 사용되었다.

이렇게 1958년에 발명된 IC는 전자계산기에 사용되어 민간 수요를 흡수하며 시장을 크게 확대해 나갔고, 전자계산기의 가격 인하, 고성능화와 함께 IC의 집적도도 급속히 발전한다. 그리고 이 과정을 통해 마이크로프로세서나 DRAM과 같이 이후에 도래하는 컴퓨터 시대를 향한 흐름이 만들어진다.

DRAM으로 세계를 주도한 히노마루 반도체

1971년에 마이크로프로세서가 개발되긴 했으나, 1970년대의 반도체 시장은 아직 각각의 전자제품 전용으로 개발된 커스텀 IC가 주류였다. 1960년대는 전자계산기 전쟁의 시대였지만, 1970년대에 들어서자 TV와 같은 영상 기기를 시작으로 가전제품에도 집적회로를 사용하는 일이 많아졌다. 이른바 가전제품의 전자화 시대가 찾아온 것이다. 그리고 1970년대부터 1980년대까지는 일본의 제조사가 만들어 낸 반도체가 '히노마루 반도체'라 불리며 세계 반도체 시장을 주도했다.

1980년대 초에는 일본산 DRAM이 인텔이나 텍사스 인스트루먼트 등을 제치고 세계 정상에 오른다. 초고밀도 집적회로(초 LSI) 기술연구조합이 진행한 연구 성과에 각 반도체 제조사의 개발이 더해져 결실을 본 것이라 할 수 있다. 일본 제조사가 미국 제조사를 앞설 수 있었던 가장 큰 이유는 높은 신뢰성이라고 한다. 범용 컴퓨터와 전화기에 들어가는 전자교환기*는 신뢰성이 매우 중요하기 때문에 품질을 믿을 수 있는 일본 제품을 선호하는 기업이 많았다. 그뿐 아니라 저렴한 제품 가격에 따른 가격 경쟁력도 일본 DRAM의 시장 점유율이 높아진 이유 중 하

---

* 트랜지스터, 다이오드, 집적회로 등의 전자 부품으로 만드는 전화의 자동 교환기. 전자 회로를 통해 통화의 전환을 제어하며 컴퓨터 기능이 있다.

나였다.

1985년에는 인텔이 DRAM 사업을 철수했고, 1986년에는 일본의 제조사가 세계 DRAM 시장을 80%까지 점유했다. DRAM의 성장세에 탄력을 받은 듯 일본산 커스텀 IC도 매출이 크게 늘어갔다. 수직 통합형과 수평 분업형이라는 두 가지 비즈니스 모델 편에서 언급한 대로, 당시의 일본에서는 일본전기나 후지쯔, 소니, 마쓰시타전기산업(현 파나소닉)과 같은 회사가 성능이 뛰어난 자사 제품을 만들기 위해, 사내에서 커스텀 IC를 개발해 제조까지 담당하고 있었다.

당시 일본산 TV나 라디오, 카세트 데크와 일체형 AV 앰프, 가정용 비디오 데크 등은 뛰어난 품질과 성능 덕에 전 세계에서 환영을 받았다. 그중 1979년에 소니가 출시한 포터블 오디오 플레이어인 '워크맨'은 전 세계에서 사랑받았던 일본산 전자제품의 상징이라고 할 수 있다. 워크맨은 일본뿐 아니라 해외에서도 젊은 층을 중심으로 폭발적인 인기를 끌었다. 그와 동시에 야외, 공공장소에서도 다른 사람에게는 들리지 않게 혼자 음악을 즐길 수 있는 새로운 음악 감상 문화를 확립시킨 상징물이 되었다. 이 또한 반도체가 세상을 바꾼 일례라 할 수 있다. 일본 제조사가 제조한 반도체는 이렇게 전 세계로 널리 퍼져 나갔다.

'필요는 발명의 어머니'라는 말처럼 반도체를 개발하기 위해서는 수요가 반드시 뒤따라야 했다. 즉, 수요가 있음으로써 새로운 발명이 탄생하는 것이다. 통신 분야에서의 수요에 따라 발명된 반도체가 전자계산기의 수요로 인해 급속도로 진화한 것처럼, 1970년대에는 음향, 영상기기와 가전제품의 수요가 반도체 제조사를 크게 성장시켰다.

반도체는 작은 크기뿐 아니라 튼튼하다는 장점도 있다. 예를 들어, 기계식 스위치는 오랫동안 사용하면 부품이 마모되어 고장 나기 쉽다. 그러나 반도체는 전기 신호만으로 ON / OFF를 바꿀 수 있어 물리적인 움직임이 적기 때문에 고장이 거의 일어나지 않는다. 그리고 진공관은 여러 개의 섬세한 부품으로 만들어져 있는 데에 반해, 반도체는 하나의 부품 안에 많은 소자가 집적·패키징되어 내구성 측면에서 월등히 유리하다. 사람이 손으로 조립하는 부분이 적은 만큼 신뢰성이 높은 전자제품을 만들 수 있는 것이다.

이러한 이유로 커스텀 IC는 전자계산기나 가전제품은 물론, 원자력 발전소나 화력 발전소 등 거대한 장치를 제어하는 용도로도 사용되었다. 그러나 마이크로프로세서와 같은 범용 IC가 등장하면서 커스텀 IC는 상대적으로 수요가 줄어들기 시작한다.

1970년대부터 1980년대에 걸쳐 일본의 반도체 업계는 말 그대로 황금시대를 누렸다. 일본의 반도체가 세계를 주도할 수 있던 이유로는 범용 컴퓨터에 사용된 DRAM이나 커스텀 IC의 수요가 증가했던 점을 들수 있다. 당시 일본의 전기 제조사가 만든 음향·영상 기기, 가전제품은 이미 시장에서 점유율이 높았기 때문에, 이들 제품에 사용된 커스텀 IC의 수요도 자연스럽게 늘어났다. 각 전자 기기에 특화된 IC를 모델별로 설계해 개발했고, 자체 개발한 반도체가 적용된 가정용 비디오 데크나 포터블 오디오 플레이어 등 새로운 전자제품들이 전 세계에서 판매되었다.

1970년대에는 그동안 미국의 독무대였던 DRAM 시장에 일본이 진입했고, 1980년대 초반에는 일본 기업들이 미국을 제치고 세계 매출 상위권을 휩쓸었다. IHS마켓(현 Omdia)의 〈하이테크 시장 동향 조사〉에 따르면 1988년 당시 전 세계에서 사용되는 반도체 중 절반 이상이 일본산 반도체였다고 한다.

일본 반도체 산업의 몰락을 가져온 미·일 반도체 협정

1970년대~1980년대에는 일본의 AV 기기와 가전제품이 전 세계로 수출되면서 일본산 반도체도 전 세계로 퍼져나갔다. 일본 반도체는 DRAM 시장에서 80% 이상의 매출을 점유하며 세계 시장을 50% 넘게 장악하고 있었다.

이러한 일본의 약진에 제동을 건 사건이 1986년 7월에 체결된 미·일

세계 반도체 업체의 매출 랭킹(1971~1996년)

순위	1971년	1981년	1986년	1989년	1992년	1996년
1위	TI	TI	NEC	NEC	인텔	인텔
2위	모토로라	모토로라	히타치	도시바	NEC	NEC
3위	페어차일드	NEC	도시바	히타치	도시바	모토로라
4위	NS	히타치	모토로라	모토로라	모토로라	히타치
5위	시그네틱스	도시바	TI	후지쯔	히타치	도시바
6위	NEC	NS	필립스	TI	TI	TI
7위	히타치	인텔	후지쯔	미쓰비시전기	후지쯔	삼성전자
8위	AMI	마쓰시타전기산업	마쓰시타전기산업	인텔	미쓰비시전기	후지쯔
9위	미쓰비시전기	필립스	미쓰비시전기	마쓰시타전기산업	필립스	미쓰비시전기
10위	유니트로드	페어차일드	인텔	필립스	마쓰시타전기산업	SGS 톰슨

주: TI(Texas Instruments), NS(National Semiconductor), AMI(American Microsystem, Inc.)
* 사명은 당시 사명 기준

출처: 가트너의 데이터*를 기반으로 저자 작성

반도체 협정이다. 이 협정문에는 일본 기업이 외국산 반도체를 활용할 수 있도록 장려하라는 내용이 담겨 있었는데, 당시에는 외국산 반도체보다 일본산 반도체가 성능과 품질 면에서 앞서 있었기 때문에 큰 효력을 발휘하지 못했다. 효력이 미미해 보이자 그다음 해인 1987년에는 일

---

* https://www.gartner.co.jp

일본 반도체 업체의 세계 시장 점유율 추이

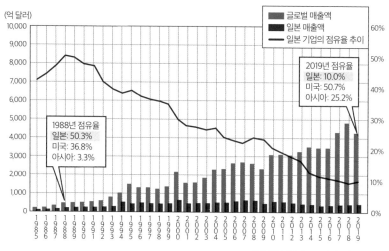

출처: 일본 총무성, 2021년 판 『정보통신백서』

본에서 미국으로 수출하는 컴퓨터나 컬러 TV 등에 100%의 관세가 부과되는 등 추가 조치가 일시적으로 이루어지기도 했다. 이에 더해 1991년에 개정된 협정문에는 일본에서 사용되는 반도체 중 20% 이상에 미국 등 외국산 반도체를 적용한다는 항목이 추가되었다. 일본의 반도체 업체들은 각고의 노력 끝에 외국산 반도체 적용률을 달성했으나 그 후에도 고전을 면치 못했다.

이즈음부터 반도체 산업을 견인하는 역할을 맡았던 개인용 컴퓨터의 수요가 전 세계적으로 급격하게 증가했다. 새로이 발돋움하는 컴퓨터 산업에는 인텔을 필두로 한 미국 업체의 반도체가 주로 사용되어 외국산 반도체의 점유율이 증가하기 시작했다. 한편, AV 기기와 가전제품용 제품이 중심이었던 일본산 반도체 시장은 상대적으로 수요 증가가 둔화하며 쇠퇴의 길을 걸었다.

1990년대에 들어서면서 대만과 한국의 반도체 산업이 서서히 그 존재감을 드러내기 시작하며 TSMC나 삼성전자 등이 시장점유율을 조금씩 넓혀나갔다. 대만이나 한국 업체들은 일본 기업보다 엔지니어에게 대우를 잘해주고, 의사결정이 빠르다는 강점을 바탕으로 빠르게 성장했다는 분석이 있었다. 이유가 무엇이든 미국과 일본 이외 기업의 시장점유율이 늘어난 것은 일본산 반도체의 점유율이 줄어드는 이유 중 하나로 작용했다.

개인용 컴퓨터 시대의 개막

비트(bit)는 마이크로프로세서의 성능에 관해 이야기할 때 자주 등장하는 단위 용어다. 비트란 프로세서가 연산을 수행할 때 한 번에 취급하는 데이터의 양을 가리키는 말로, 비트 앞의 숫자가 클수록 많은 양의 데이터를 한 번에 처리한다는 의미다. 한 번에 처리하는 데이터가 방대해지면 프로세서가 빠르게 연산을 처리하기 때문에 속도가 빨라지는 것이다.

1971년에 개발된 인텔 4004는 4비트 프로세서로 전자계산기에 사용하기에는 문제없는 수준이었으나 빠른 처리 속도가 요구되는 컴퓨터에 적용하기에는 역부족이었다. 이에 개발된 것이 인텔 8008이라는 8비트 마이크로프로세서다. 1972년에 개발된 8008에서 기대 수준의 성능을 얻지 못하자 2년 뒤인 1974년에 개선판인 8080이 출시된다.

1975년에는 세계 최초로 개인용 컴퓨터가 등장했다. 미국 MITS(Micro Instrumentation and Telemetry Systems)가 출시한 알테어(Altair) 8800이라는 PC다. 당시는 이미 전자계산기를 개인별로 소유하는 시대였다. 여기에 전자계산기와는 비교가 되지 않을 만큼 고도의 연산 능력이 있는 컴퓨터라는 물건을 개인이 소유하는 시대가 새로이 열린 것이다. 물론, 알테어 8800은 본체 전면부에 배치된 토글 스위치를 위아래로 움직여 데이터를 메모리에 입력해가며 프로그래밍 해야 하고, 명령어 체계를 이해하고 해석할 수 있어야 하는 등 조작이 어려워 엔지니어가 업무에 사용하는 경우가 대부분일 뿐, 누구나 손쉽게 다루는 프로그램은 아니었다.

알테어 8800이 출시된 이후 애플 컴퓨터(현 애플)는 개인용 컴퓨터인 애플 I(1976년), 애플 II(1977년)를 잇달아 출시하기에 이른다. 스티브 잡스,

애플 II

스티브 워즈니악이 개발한 소형 컴퓨터인 애플II는 CPU와 메모리, 플로

피디스크, 드라이브부터 키보드와 모니터까지 모두 포함된 패키지 형

태로 출시되었다. 스프레드시트 소프트웨어인 비지캘크 등 다양한 애

플리케이션을 사용할 수 있고, 문자인 텍스트뿐 아니라 그래픽으로 이

루어진 화상도 표시할 수 있어 매우 획기적인 기능을 자랑하는 컴퓨터

였다.

더불어 미국 코모도어의 PET 2001, 미국 탠디 라디오섁의 TRS-80

등이 등장하며 개인용 컴퓨터라는 새로운 개념의 제품이 전 세계로 급

속히 퍼져나갔다. 이러한 흐름에 발맞추어 일본에서도 1977년에는 소드 컴퓨터 시스템(현 소드)이, 1978년에는 히타치제작소와 캐논, 마쓰시타전기산업(현 파나소닉), 샤프, 일본전기 등이 일제히 PC 시장에 뛰어들어 제품을 출시한다. 1975년에 최초의 개인용 컴퓨터가 출시된 이후 불과 수년 만에 시장이 급격히 확대된 것이다.

1981년에는 개인용 컴퓨터 시장의 성장에 변곡점이 될 만한 사건이 일어난다. IBM이 개인용 컴퓨터 시장에 뛰어든 것이다. 이때 출시된 IBM PC 5150에는 1978년에 개발된 인텔의 16비트 마이크로프로세서 8088이 탑재되었다. 이를 계기로 개인용 컴퓨터는 16비트의 시대로 접어들었다. 1984년에 애플이 출시한 매킨토시는 16비트 컴퓨터의 대표적인 제품이다.

1985년에는 인텔의 32비트 마이크로프로세서인 80386이 출시되었고, 1987년에는 일본전기의 PC-98XL2, 후지쓰의 32비트 PC인 FMR-70 등이 속속 등장했다. 2022년 현재 사용되는 PC는 대부분 64비트다. 또한 PC에 내장된 고정기억장치가 HDD(Hard Disk Drive)에서 SSD(Solid State Drive)로 대체됨에 따라 반도체 사용량도 증가했다.

이렇게 개인용 컴퓨터는 1964년에 출시된 대형 범용 컴퓨터 이후 여러 모습으로 진화했고, 1967년 무렵부터 1970년대(전자계산기 시장의 패권을 다투던 시기)에 걸쳐 개발된 마이크로프로세서라는 반도체를 사용해 만들어졌다. 그리고 개인용 컴퓨터 시장은 마이크로프로세서의 진화에 발맞추어 급속도로 발달한다.

1992년에 출시된 미국 마이크로소프트의 윈도우 3.1은 컴퓨터 본체와 운영체제인 OS를 별도 구입해야 하는 기존의 PC와 달리, OS가 컴퓨터에 사전 설치된 상태로 판매되었고, OS 단위도 구입이 가능했다. 그뿐 아니라 사용자 인터페이스가 문자 중심이었던(CUI) 기존의 MS-DOS에서 그래픽 중심(GUI)인 윈도우 3.1로 OS가 바뀌면서 컴퓨터와 정보를 교환하는 방식이 완전히 달라졌다. 단순히 문자를 PC 화면에 나타내던 기존의 PC와 달리 버튼 이미지나 아이콘이 추가된 것이다. 이러한 변화로 초심자도 쉽게 컴퓨터를 쓸 수 있게 되었다. 1995년에는 윈도우 95가 출시되어 이전까지는 일부 사람들만이 지닐 수 있었던 컴퓨터가 일반 가정에도 널리 보급되었다. 더불어 이즈음, 애플의 매킨토시 시리즈도 세계적으로 인기를 끌었다.

PC의 수요가 오피스뿐 아니라 일반 가정에서도 많아짐에 따라 PC용 반도체의 출하량이 급격히 늘어났다. 그와 동시에 인텔의 CPU와 마이크로소프트 운영체제의 성능이 향상되고 DRAM의 용량은 커졌다. 그뿐 아니라 PC의 주변 기기에 사용되는 다양한 반도체 시장 또한 급격히 확대되었다. 예를 들어, 당시 사무실에서 사용하던 유선 LAN(Local Area Network)용 이더넷 트랜시버 IC나 RS232C와 같은 시리얼 통신 IC,

SCSI 등의 외부 기억 장치 인터페이스용 제어 IC, HDD나 광자기 디스크(MO) 장치 등 데이터를 읽고 쓰는 데 사용하는 READ/WRITE IC 등이 있다.

또한 PC의 진화와 함께 인터넷이 보급되기 시작했다. 일본에서는 1995년 무렵부터 일반 가정이나 기업용 프로바이더(ISP)가 등장해, 다이얼 업 회선이 보급됨과 함께 ISP 사업이 크게 번창했다. 이 무렵 특히 오피스를 중심으로는 PC뿐 아니라 워크 스테이션으로 불리는 컴퓨터의 수요도 늘어났다. 이와 동시에, 네트워크 오퍼레이팅 시스템도 호스트 컴퓨터가 있던 기존의 중앙 집중형에서 클라이언트·서버형으로 전환되었고, 사무실에서의 인터넷 활용이 큰 폭으로 늘었다.

당시에는 대기업뿐 아니라 일반 가정에서도 인터넷에 접속할 기회가 늘어나면서 통신 인프라로서 기지국이나 액세스 포인트에 사용되는 반도체 수요가 증가했고, 지금은 이에 더해 데이터 센터에 설치되는 서버나 기억 장치에 사용되는 수요까지 더해져 폭발적으로 반도체 수요가 증가했다. 또한 인터넷에 접속하는 횟수뿐 아니라, 인터넷을 통해 주고받는 데이터의 양도 증가했다. 2000년 무렵에는 기존의 다이얼 업 네트워킹*과 달리, PC가 인터넷에 항상 접속해 있는 시대가 찾아온다. 이에

---

*   dial-up networking: 사용자가 전화선을 사용해 네트워크나 인터넷에 접속하도록 해 주는 기능.

따라 서버의 수요가 더욱 증가하며, 제품에 사용되는 반도체 양은 기하급수적으로 늘어나게 된다.

개인 휴대전화, 1인 1기기의 시대

1990년대에는 개인용 컴퓨터나 음향 기기, 영상 기기 등이 반도체의 수요 증가를 이끌어 왔고, 이런 수요들은 반도체의 고성능화로 이어졌다. 1990년대 후반부터는 새로운 반도체 수요층이 등장하는데, 그것은 바로 휴대전화와 휴대전화의 기지국이다.

휴대전화가 일반 소비자에게 널리 퍼지게 된 것은 1993년 무렵부터다. 이후 휴대전화 서비스와 함께 기기의 여러 기능과 성능이 빠르게 진화한다. 휴대전화 서비스 진화의 구체적인 예로는 NTT도코모가 1999년에 개시한 휴대전화용 인터넷 접속 서비스 'i모드'를 들 수 있다. i모드는 기존에는 개인용 컴퓨터로만 접속할 수 있었던 인터넷을 휴대전화 기기로도 가능하게 만들었다.

그 뒤로 2000년대에 들어서면서 휴대전화에 적외선 통신 기능이나 간편 결제 기능, 카메라 기능 등의 다양한 부가 기능이 추가된다. 흔히 '피처폰'이라고 부르는 기기를 향해 빠르게 진화하고 있었다.

그리고 2000년대 후반, 피처폰이 스마트폰에게 휴대전화 주역의 자리를 내주면서 모바일 인터넷 접속 환경이 커다란 변화를 맞는다. 먼저, PC 시대부터 시작된 SNS(Social Networking Service)나 동영상 스트리밍 서비스가 크게 발전한다. 이 외에도 애플리케이션을 통한 문자나 전화 등 전화 회선을 이용하지 않는 통화 서비스가 이용자들에게 널리 퍼진다.

이렇게 스마트폰을 포함한 휴대전화 기기 그 자체와 휴대전화 서비스가 크게 진화함으로써 2022년 현재는 스마트폰으로 동영상을 보거나 SNS를 통해 동영상을 업로드하는 일이 가능해졌다. 휴대전화 서비스가 진화하면서 휴대전화 이용자는 급속도로 늘어났다. 2021년 전세계 스마트폰 출하량은 무려 13억 5,000만 대에 이른다. 일본에서는 1997년 무렵 약 2,000만 개 정도였던 휴대전화 서비스의 계약 회선 수가, 2022년에는 약 2억 개까지 증가했다. 휴대전화(스마트폰)는 이제 1인 1기기 소유의 시대가 된 것이다.

이렇게 휴대전화가 진화할수록 반도체의 사용량은 늘어나고 요구되는 기능은 점차 고도화되었다. 일례로, 1997년 무렵 널리 보급되었던 휴대전화에는 한 대당 1만 엔 정도의 반도체가 적용되어 있었지만, 현재 많은 사람이 사용하는 스마트폰 한 대에는 4만 엔이 넘는 반도체가 사용되고 있다. 당시와 비교하면 반도체 단가가 크게 낮아졌기 때문에 낱개 단위로 환산해 보면, 현재 사용되는 스마트폰 한 대에 얼마나 많은

피처폰(1999년)

반도체 진화의 역사

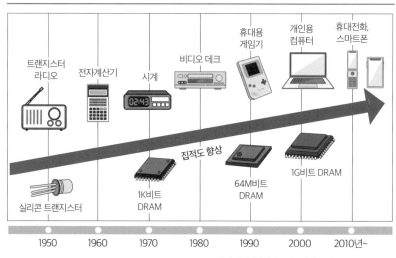

출처: 히타치하이테크, '반도체의 역사'를 토대로 저자 작성

* https://www.hitachi-hightech.com/jp/ja/knowledge/semiconductor/room/about/history.html

고성능 반도체가 탑재되어 있는지 가늠해 볼 수 있다.

초창기 휴대전화부터 스마트폰에 이르기까지 다양한 반도체가 새로이 탑재되면서 반도체 출하량이 크게 늘었다. 예를 들어, 휴대전화에서 피처폰으로 진화하는 과정에서 DSP나 적외선 센서, 간편 결제용 IC, CCD 이미지 센서, CMOS 이미지 센서, 미국 퀄컴의 3G 통신용 IC, 데이터 저장용 노어 플래시 메모리 등이 신규로 탑재되었다. 그리고 같은 시기에 기지국에서는 FPGA(Field Programmable Gate Array)가 채택되어 FPGA 시장이 급성장한다.

이후 피처폰에서 스마트폰으로 바뀌는 과정에서 노어 플래시 메모리가 낸드 플래시 메모리와 DRAM의 조합으로 대체되었다. 또한 이미지나 음원 등의 데이터를 저장하기 위해 낸드 플래시 메모리가 대량으로 적용되면서 시장이 크게 성장했다.

스마트폰을 포함한 휴대전화의 출하량, 그리고 기기 자체에 사용하는 반도체의 개수가 늘어남에 따라 반도체 수요도 급격히 늘어났다. 더불어, 휴대전화 시장의 확대는 통신 인프라(기지국 등)나 데이터 센터에 설치하는 서버와 저장 장치 등의 반도체 수요를 활성화시켰다. 즉, 휴대전화 자체만이 아니라 통신 인프라나 데이터 센터를 포함한 '휴대전화 시스템'이 반도체 수요를 견인하는 새로운 역할을 하게 된 것이다.

스마트폰의 보급과 SNS의 발달

이쯤에서 스마트폰 이야기를 조금 더 살펴보자. 일본에서 피처폰이 한창 독자적으로 진화하고 있을 때, 미국을 중심으로 한 해외에서는 PC와 유사한 기능을 가진 전화기가 개발되고 있었다. 그리고 2007년, 비로소 스마트폰이 탄생한다. 애플이 오디오 플레이어, 전화, 인터넷 장치 세 개를 일체화한 혁명적인 스마트폰 'iPhone'을 출시해 전 세계에서 주목받게 된 것이다. 이듬해인 2008년에 발표된 'iPhone 3G'는 소프트뱅크모바일(현 소프트뱅크)을 통해 일본에서도 판매가 시작되었다. 그 이

2007년 1세대 iPhone

들해인 2009년에는 대만 HTC에서 개발한 구글폰이 일본에서 출시되며, 일본 최초의 안드로이드 기반 스마트폰이 탄생했다. 이렇게 일본 휴대전화 시장에서 주류를 이루던 피처폰은 스마트폰으로 서서히 대체되었다.

그 후, 2010년대에 들어서면서 SNS가 발달하기 시작했다. SNS 자체는 개인용 컴퓨터 시대부터 존재했지만, 스마트폰의 보급으로 인해 언제 어디서나 소셜 미디어를 이용할 수 있게 되면서 SNS가 급격하게 발달한다. 스마트폰의 다양한 기능과 네트워크가 연동됨으로써 활용 폭이 크게 넓어진 것이다. 페이스북이나 트위터, 인스타그램 등의 플랫폼을 통해 누구든 쉽게 이미지와 텍스트를 공개할 수 있게 되면서 순식간에 인기를 끌었다. 2011년에 공개된 LINE*은 대다수 일본인이 이용하는 플랫폼으로 자리매김하며, 일본인의 LAN선 소통에 중요한 기반이 되고 있다.

그리고 2010년대에 들어서며 스트리밍 서비스가 전파되면서 음악을 듣고 동영상을 시청하는 방법에 새로운 문화가 형성된다. 2005년에 서비스를 시작한 YouTube나, 2007년에 일본에서 시작한 니코니코 동화

---

* 네이버가 상품 개발을, 소프트뱅크가 경영을 맡은 일본 기업. 일본 내 모바일 인스턴트 메신저 시장점유율 1위의 사업자다.

는 폭발적인 인기를 거두었다. 나마누시*, 유튜버 등으로 불리며 동영상 스트리밍으로 수익을 내는 신종 직업 형태가 확립된 시기이기도 하다.

그뿐 아니라 정액제로 국내외 영화나 드라마, 애니메이션을 시청할 수 있는 '정액제 동영상 서비스'가 보급된다. 대표적으로 아마존 프라임 비디오나 넷플릭스 등, 스마트폰과 태블릿 컴퓨터로 원하는 시간에 원하는 만큼 동영상을 시청할 수 있는 서비스가 크게 유행한다.

이렇게 발전을 거듭하던 중, 2022년 3월부터 5세대 이동통신 서비스(5G)가 시작되었다. 5G는 '초고속', '초저지연', '초연결'이라는 세 가지 특징으로 요약할 수 있는데, 통신 속도가 4G의 20배에 달한다고 알려져 있다. 5G 서비스가 도입되면 대용량 동영상도 고화질 그대로 시청할 수 있다. 빠른 속도의 통신을 안정적으로 이용하기 위해서는 고속 처리 능력을 갖춘 고성능 반도체가 한 기기 안에 여러 개 필요하다.

초연결, 즉 다수 동시 접속 시대 이전에는 기지국 한 곳에 접속할 수 있는 장치 수가 적어 통신 장애가 자주 발생하는 문제가 있었다. 이에 반해 5G 환경에서는 동시 접속할 수 있는 장치의 수가 비약적으로 늘어나 통신 장애는 현저히 적어질 것으로 예상한다. 그뿐 아니라 4G에 비해 10배나 빨라진 정보 처리 속도 덕분에 지연·멈춤 등과 같은 문제

---

* 일본의 개인방송 플랫폼인 니코니코에서 개인 방송하는 사용자를 일컫는 말.

도 크게 개선될 것으로 보인다. 이러한 기능이 자율주행차나 원격 의료와 같이 실시간 통신을 중요시하는 분야에서도 높은 효과를 발휘할 것으로 기대한다.

1947년 트랜지스터가 발명된 지 2022년 현재 75주년이 되었다. 그동안 반도체 시장은 성장을 거듭해 왔다. 지금까지 반도체는 전자계산기, 범용 컴퓨터, 개인용 컴퓨터, 휴대전화, 스마트폰의 등장에 따라 함께 발전했고, 통신이나 클라우드 서비스를 담당하는 데이터 센터 등 다양한 형태로 진화하며 시대를 이끌어 왔다. 우리의 생활이 더 편리하게 개선될 때면 그 배경에 언제나 반도체 기술의 혁신과 기기·통신 서비스의 발전이 있었다. 반도체의 진화는 현대 문명의 발전에 크게 영향을 미쳐왔고, 앞으로도 사회 발전과 기술 혁신을 선도하며 새로운 문명을 만들어 나가는 데 더욱 중요한 역할을 맡게 될 것이다.

반도체의 역사 연표

연도	반도체의 역사	세계의 주요 사건
1947	• 점 접촉 트랜지스터 발명(바딘, 브래튼)	
1948	• 접합 트랜지스터 발명(윌리엄 쇼클리)	• 세계 인권 선언 • 한반도가 대한민국과 조선민주 주의인민공화국으로 분열 • 인도 간디 암살
1949		• 북대서양 조약 기구 발족 • 중화 인민 공화국 성립, 마오쩌둥이 초대 주석으로 선출
1950		• 한국전쟁 발발 • 중국 국민당 정부가 대만으로 이동 • 인도네시아 공화국 성립
1951		• 샌프란시스코 강화 회의 개최
1952	• 미국 텍사스 인스트루먼트, 반도체 사업 개시 • 미국 모토로라, Solid State Electronics 연구소 설립	
1953		• 이집트 공화국 성립 • 한국전쟁 휴전 협정
1954	• 세계 최초 트랜지스터 라디오 출시(텍사스 인스트루먼트의 '리젠시' 모델) • 실리콘 트랜지스터 개발(텍사스 인스트루먼트)	• 제네바 회담 개최
1955	• 트랜지스터 라디오 출시[도쿄통신공업(현 소니)]	• 반둥(아시아·아프리카) 회의 개최
1956	• 고체 실리콘 제어 정류기 개발(미국 제너럴일렉트릭)	• 제2차 중동전쟁 발발
1957	• 트랜지스터식 전자계산기 개발 [전기시험소(현 산업기술총합연구소*)] • 전계 효과 트랜지스터(FET) 개발 • 터널 다이오드 발명[도쿄통신공업(현 소니)의 에사키 레오나] • 세계 반도체 산업 시장 규모 1억 달러 돌파	

---

*   일본의 독립행정법인으로, 산총연 또는 AIST라고 부른다. 경제산업성에 속해 있다가 2001년 1월 통상산업성 공업기술
    원, 산하 15연구소군을 통합 재편해 독립행정법인으로 발족했다.

연도	반도체의 역사	세계의 주요 사건
1958	• 집적회로인 'IC' 발명(텍사스 인스트루먼트의 킬비)	• 유럽 경제 공동체(EEC) 발족
1959	• 트랜지스터식 컴퓨터 개발(IBM) • 실리콘제 집적회로 개발(페어차일드세미컨덕터의 노이스) • 집적회로에 관해 킬비 특허 출원(킬비)	• 티베트 독립운동 봉기
1960	• 미니 컴퓨터 PDP-1 출시(미국 DEC) • 트랜지스터식 흑백 TV 출시(소니)	
1962		• 쿠바 미사일 위기
1963	• 집적회로 제품 출하 개시 • 진공관을 사용한 전자계산기 발명	• 미국, 영국, 소련이 부분적 핵실험 금지 조약에 서명 • 미국 케네디 대통령 암살
1964	• MOS-IC 발표(텍사스 인스트루먼트 외) • 집적회로를 사용한 보청기 개발(텍사스 인스트루먼트) • 시스템/360 대형 범용 컴퓨터 발표(IBM) • HITAC5020 대형 범용 컴퓨터 발표(히타치제작소) • 최초의 상용 전자식 탁상 계산기 발표(샤프, 소니) • 세계 반도체 산업 시장 규모 10억 달러 돌파	• 팔레스타인 해방 기구(PLO) 설립 • 도쿄 올림픽 개최
1965	• 고든 무어 '무어의 법칙' 발표 (집적도가 1.5년마다 2배로 증가)	• 미국의 북베트남 폭격 본격화 • 한일 기본 조약
1966	• 집적회로 전자계산기 발표(샤프)	• 중국에서 문화대혁명이 일어남
1967	• 휴대형 전자계산기 개발(텍사스 인스트루먼트)	• 동남아시아 국가 연합(ASEAN) 결성 • 유럽 공동체(EC) 결성(EU의 시작) • 제3차 중동전쟁 발발
1968	• 인텔 설립(그로브, 노이스, 무어) • 1K비트 RAM 구상안 발표(인텔) • CMOS 집적회로 발표(미국 RCA사)	• '프라하의 봄' 진압 • 핵 확산 방지 조약(NPT) 서명
1969		• 중소 국경 분쟁 발발 • 미국 아폴로 11호 달 착륙
1970	• 1K비트 DRAM을 개발(인텔)	• 핵 확산 방지 조약 발효

1971	• 세계 최초 4비트 마이크로프로세서인 인텔 4004 개발
	  (인텔의 페데리코 패긴, 비지콤의 시마 마사토시)
		• 중국의 국제 연합 가입,
		  중화민국의 국민정부 추방을
		  국제 연합에서 결정

연도	반도체의 역사	세계의 주요 사건

1972	• 8비트 마이크로프로세서 인텔 8008 개발(인텔)
	• '카시오 미니' 출시(카시오 계산기)
		• 미국의 리처드 닉슨의 중화인민
		  공화국 방문, 공동 선언 발표
		• 일본의 다나카 총리의 중화인민
		  공화국 방문, 공동 성명 발표
		• 중화민국 국민 정부와 일본의 단교

1973	• 4K비트 DRAM 개발(텍사스 인스트루먼트) • 액정 화면이 적용된 전자계산기 출시(샤프)	• 제4차 중동전쟁
1974	• 8비트 마이크로프로세서 개발 • 인텔 8080(인텔), Z-80(미국 자일로그), 68000(모토로라)	

1975	• 고든 무어 '무어의 법칙' 수정
	  (집적도가 2년마다 2배로 증가한다)
	• 세계 최초의 개인용 컴퓨터인 알테어 8800 출시
	  (미국의 MITS)
		• 베트남전쟁 종전

1976	• 16K비트 DRAM 개발 (후지쯔, 히타치제작소, 미쓰비시전기, 일본전기, 도시바) • 개인용 컴퓨터인 애플I 출시[애플컴퓨터(현 애플)] • 태양전지를 사용한 전자계산기 출시(샤프)	

1977	• 이미지 표시가 가능한 개인용 컴퓨터인 애플II 출시
	  [애플컴퓨터(현 애플)]
	• 개인용 컴퓨터인 PET2001(미국 코모도르),
	  TRS-80(미국 탠디 라디오섁) 출시
	• 개인용 컴퓨터인 M200 출시[소드전산기시스템(현 소드)]	

1978	• 16비트 마이크로프로세서 개발(인텔) • 히타치제작소, 캐논, 마쓰시타전기산업(현 파나소닉), 샤프, 일본전기 등이 함께 개인용 컴퓨터 출시	• 중일평화우호조약 서명
1979	• 64K비트 DRAM 개발 • DSP 개발(AT&T 벨 연구소) • 카세트 테이프 타입의 초기 워크맨 발표(소니) • 세계 반도체 시장 산업 규모 100억 달러 돌파	• 소련의 아프가니스탄 침공 • 미중 국교의 정식 수립, 미국과 대만의 단교
1980	• 노어 플래시 메모리 발명(도시바 의 마스오카 후지오)	• 이란 - 이라크전쟁 발발
1981	• 게이트 어레이 개발(미국 LSI로직) • IBM PC 출시(IBM), PC-8801과 PC-6601 발표(일본전기)	

연도	반도체의 역사	세계의 주요 사건
1982	• 1M비트 DRAM 개발, 부동소수점 DSP 개발 • 표준형 셀 개발(미국 CLSI테크놀로지) • IBM PC 호환기 Compaq Portable 발표(미국 콤팩컴퓨터)	
1984	• FPGA 개발(미국 자일링크스) • 매킨토시 발표[애플 컴퓨터(현 애플)]	
1985	• 4M비트 DRAM 개발 • 32비트 마이크로프로세서 개발(인텔) • 인텔의 DRAM사업 철수	• 플라자 합의
1986	• 반도체 협정 체결 • 16M비트 DRAM 시험 제작 성공(NTT) • 일본 제조사의 DRAM 세계 점유율 80% 달성 • 낸드 플래시 메모리의 동작 원리 발명 　(도시바의 마스오카 후지오)	• 소련의 체르노빌 　원자력 발전소 사고
1987	• 대만에서 TSMC(파운드리 기업) 창업 • 미국, 미·일 반도체 협정 위반을 이유로 일본산 개인용 　컴퓨터 등 세 개 품목에 100% 보복 관세 부과 발표	• 미국과 소련 중거리 핵전력 조약(INF) 　체결
1988	• 16M비트 DRAM 개발 • 세계 반도체 중 절반 이상을 일본 반도체가 점유	• 이란-이라크전쟁 정전
1989	• 64비트 마이크로프로세서 개발 • 낸드 플래시 메모리 칩의 동작 확인(도시바)	• 중국 천안문 사건 • 몰타 미·소 정상회담에서 　냉전 종결 선언
1990	• 64비트 DRAM 개발	• 독일(동독·서독) 통일
1991	• 미·일 반도체 협정 개정: 일본에서 사용되는 　반도체 중 20%를 외국 산 반도체로 하는 등의 　목표 수치가 추가됨 • 핀란드를 시작으로 디지털 방식 휴대전화 서비스 개시 • 4M비트 낸드 플래시 메모리 개발(도시바)	• 걸프전 발발 • 소비에트 연방 해체
1992		• 마스트리흐트 조약 서명
1993	• 256M비트 DRAM 개발 • 파란색 발광 다이오드 발명 　(니치아화학공업의 나카무라 슈지) • PC용 RISC형 프로세서 개발(IBM, 모토로라)	• 유럽 연합(EU) 발족 • 오슬로 협정

연도	반도체의 역사	세계의 주요 사건
1994	• 세계 반도체 시장의 산업 규모 1,000억 달러 돌파	
1995	• 1G비트 DRAM 개발 • 윈도우95 발표(마이크로소프트), 일반 가정에 개인용 컴퓨터가 보급되기 시작 • PHS서비스 개시	• 세계무역기구(WTO) 탄생
1996	• 전화 기능이 탑재된 PDA 출시(핀란드 노키아)	• 미중 관계 개선, 지도자가 상호 방문으로 합의
1997	• 동 배선에 의한 ULSI 기술 개발(IBM)	• 홍콩의 중국 반환
1999	• 128비트 마이크로프로세서 개발 • 일본, 세계 최초로 i모드(휴대전화 IP 접속) 서비스 개시	• 유럽의 새로운 화폐인 유로 탄생
2000	• 세계 반도체 시장의 산업 규모 2,000억 달러 돌파	
2001	• 1G비트 낸드 플래시 메모리 개발 • 나노(양자) 테크놀로지 시대로 • AI에 의한 기계 학습 상용화	• 미국 동시 다발 테러 발생 • 아프가니스탄 전쟁 • 중국 WTO 가입
2003	• 32M비트 FeRAM 개발	• 이라크 전쟁
2005	• 16G비트 낸드 플래시 메모리 개발 • Cell프로세서 개발(도시바, 소니, IBM)	• 런던 등 세계 각지에서 테러 발생 • 중국 위안화 절상
2006	• AI에 의한 딥 러닝 이론 발표	
2007	• 애플 컴퓨터가 애플로 사명 변경 • iPhone 발표(애플)	• 미국의 서브프라임 모기지 사태로 인한 국제 금융 시장 혼란
2008	• Android OS를 탑재한 스마트폰 다수 출시	• 리먼 사태에 따른 금융 위기가 전 세계에 파급, 주가 폭락
2009	• 일본 최초의 Android 스마트폰 출시(HTC)	• 신종 인플루엔자 출현, WHO의 팬데믹 선언 • 세계 동시 불황, 전기·자동차 분야에서 거액의 적자 발생
2010	• 태블릿 컴퓨터인 iPad 발표(애플) • 프랑스에서 일반 소비자용 드론 'AR.Drone' 발표 (프랑스 패럿) • 세계 반도체 산업의 시장 규모 3,000억 달러 돌파	• 유럽 재정 위기 확대, 유로에 영향 • 중국 GDP, 4분기 기준으로 세계 2위 등극

연도	반도체의 역사	세계의 주요 사건
2011	• 동일본 대지진으로 르네사스일렉트로닉의 나하공장에 피해 • 양자 어닐링머신 'D-Wave' 발표 (캐나다 디웨이브시스템즈)	• 유럽 위기가 심각화, 이탈리아 등 정권 붕괴 • 동일본 대지진에 따른 원자력 발전소 사고로 막대한 피해 • 태국에서 일어난 대홍수로 일본 기업도 피해를 봄
2012	• AI에 의한 딥 러닝을 화상 인식에 적용	
2013	• 구글글래스(증강 현실 웨어러블 컴퓨터) 발표	
2015	• 애플 워치 출시(애플)	• 세계 각지에서 이슬람 과격파의 테러 발생
2016	• 세계 10위권에서 일본의 반도체 제조사가 사라짐 • 스위스, 자율주행 셔틀버스 본격 검증 시작	• 영국의 유럽 연합 탈퇴 발표
2017	• 세계 반도체 산업의 시장 규모 4,000억 달러 돌파 • 로우 엔드 클래스 GPU 제품인 'Geforce GT 1030' 발표 (미국 엔비디아) • 광양자 컴퓨터 - 빛의 양자 컴퓨터 발명 (도쿄대학교의 후루사와 아키라)	
2018	• 전자 부품의 적층 세라믹 콘덴서(MLCC) 공급 부족 현상 발생 • 메모리 반도체 활황	• 미·중 무역 마찰의 과격화
2019	• 중국, 미국으로의 반도체 수출량 감축 • 경기 후퇴와 메모리 가격 하락의 영향으로 전 세계 반도체 소비 감소	• 미국, 대중국 기업 규제 강화
2020	• 비즈니스용 양자 컴퓨터 출시(디웨이브시스템즈) • 아사히카세이일렉트로닉스의 반도체 제조 공장에서 화재 발생 • 세계적 반도체 부족 사태	• COVID-19의 출현, WHO의 팬데믹 선언 • 영국의 유럽 연합 탈퇴(Brexit)
2021	• 르네사스세미컨덕터매뉴팩츄어링의 나카공장에서 화재 발생 • 세계 반도체 산업의 시장 규모 5,000억 달러 돌파, 과거 최고치 5,559억 달러에 도달	• 8월, 전 세계 COVID-19 누적 확진자 수 2억 명 돌파 • 미국에서 화웨이 등 중국의 통신 기기 제조사의 인증을 금지하는 법안이 성립
2022	• 실리콘 반도체를 이용한 양자 컴퓨터 소자 제작에 성공 (일본 이화학연구소 등의 국제연구팀)	• 러시아의 우크라이나 침공 • 5월, 전 세계 COVID-19 누적 확진자 수 5억 명 돌파

역사 속으로 사라진 ZnSe

'파란색 LED의 산업화는 21세기의 꿈'. 반도체 업계에서는 1990년대 초까지 이런 말이 당연하게 여겨졌다.

파란색 LED의 산업화는 틀림없이 반도체 업계의 꿈이었다. 트랜지스터가 진공관 역할을 하고 액정 패널이 브라운관을 대체한 것처럼, LED가 백열전구와 형광등을 대체할 것으로 기대하고 있었다. 그러나 1990년대 초기까지는 이러한 꿈의 실현이 먼 미래의 일이라고 여겨졌다. 그 이유는 빨간색 LED는 제품화되었지만, 초록색 LED와 파란색 LED가 아직 개발되기 전이었기 때문이다. 완전한 백색광 LED 전구를 만들기 위해서는 빛의 삼원색인 R(빨강), G(초록), B(파랑) 세 가지 색깔의 빛이 필요하다. 즉, LED가 백열전구와 형광등을 대체하기 위해서는 초록색 LED와 파란색 LED의 개발이 필요한 상황이었다.

초록색 LED와 파란색 LED는 1980년대 후반부터 본격적으로 개발되기 시작했다. 전 세계의 연구 기관들이 '세계 최초'라는 타이틀을 얻고자 전력을 다했다. 반도체 재료 후보로는 두 가지가 있었다. 하나는 ZnSe(셀레늄화 아연)이고, 또 다른 하나는 GaN(질화갈륨)이다. 이 두 물질 중 우위를 점한 것은 ZnSe였다. LED를 만들기 위해서는 P형과 N형이라는 두 종류의 반도체가 필요하다. ZnSe 연구를 시작한 지 얼마 되지 않아 P형과 N형 모두 개발에 성공했다. 반면에 GaN은 N형 개발만 성공하고, P형은 좀처럼 개발에 진척이 없어, ZnSe의 상용화 전망이 더 밝았다.

ZnSe의 전망이 밝았던 이유는 하나 더 있다. 바로 세계 유수의 기업과 연구 기관이 ZnSe를 채택했기 때문이다. 실제로 소니나 마쓰시타전기산업(현 파나소닉), 미국의 3M, 네덜란드의 필립스일렉트로닉스 등이 ZnSe를 사용한 초록색 LED와 파란색 LED 연구 개발에 착수해 다양한 성과를 거두고 있었다.

ZnSe를 사용한 초록색·파란색 LED 연구 개발은 매우 빠른 속도로 진행되었다. 상용화에 먼저 근접했던 것은 ZnSe를 사용한 초록색 LED였다. 1992~1993년 사이에는 전 세계의 많은 제조사나 연구 기관에서 '실제로 LED가 녹색 빛이 났다'라는 보고가 이어지기도 했다. 그러나 그 어느 것도 긴 시간 동안 빛을 내지는 못했다. 산업화를 위해서는 수명을 늘려야 했다. LED는 전류를 보내 빛을 내게 하는데 빛과 함께 열도 발생한다. 발생하는 열로 인해 품질이 떨어지고, 발열이 심할수록 수명이 짧아진다. 수명을 늘리기 위해 필요한 기술 개발은 절대 간단하지 않았고, 초록색 LED에 사용되는 재료를 개량하거나 방열성을 높이는 구조에 관한 연구가 필요했다.

전 세계 이름난 제조사와 연구 기관이 이러한 기술 개발에 전력을 다하던 그때, 1993년 11월, 니치아화학공업이 GaN을 사용한 파란색 LED의 상용화를 발표했다. 그야말로 대역전극이었다. 이 발표를 계기로 초록색·파란색 LED의 연구 개발은 한순간에 GaN 반도체 중심으로 바뀌었다. 이후 스미토모전기공업 등의 기업이 ZnSe를 사용한 LED 제품화에 겨우 도달하긴 했으나 널리 보급되지 못했다. ZnSe는 시대의 흐름에 밀려 역사 속으로 사라져 버린 것이다.

니치아화학공업에서 파란색 LED 개발을 주도했던 나카무라 슈지(현 미국 캘리포니아 대학교 샌타바버라 캠퍼스 교수)와 GaN을 사용한 파란색 LED의 기초 연구에 힘쓴 아카사키 이사무(2021년 타계), 함께 기초 연구를 맡았던 아마노 히로시(현 나고야 대학 특별 교수)는 2014년 노벨 물리학상을 받았다.

제 4 장

국제적
전략 물자인
반도체 업계 동향

활기가 넘치는 반도체 시장

현재 반도체 시장의 규모는 실로 매우 거대하다. 실제 수치를 살펴보면 2021년 전 세계 반도체 매출은 과거 최고치인 5,559억 달러(SIA 발표)로, 일본 엔으로 환산하면 약 72조 엔에 달한다. 반도체 시장은 지금도 1년에 10%에 가까운 성장세를 보이며 앞으로도 높은 성장률을 보일 것으로 전망한다. 1970년대부터 반도체 업계의 동향을 소개해 오던 반도체 시장 통계(WSTS)의 2022년 1분기 예측에 따르면, 2022년 매출이 6,465억 달러에 달할 것이라고 한다. 2022년 현시점에 이렇게 매출이 크게 상승함과 동시에 10%가 넘는 성장률을 보이는 시장은 달리 존재하지 않는다.

IT 시장도 순조로운 성장세를 보이고 있지만, 성장률이 2~3%에 그치며 반도체 시장의 성장세에 비해 크게 밑돈다. IT 산업는 반도체 업계와 매우 관련이 깊은 산업으로, IT 시장의 성장이 반도체 시장의 성장에 영향을 주지만, 반도체 시장은 IT 시장의 영향도를 뛰어넘는 성장을 거듭하고 있다. 지금의 성장률이 계속된다면 2030년에는 전체 시장 규모가 1조 달러에 달할 것으로 예측한다.

또한 지금까지의 시장 점유율에 따르면 컴퓨터나 통신 분야 쪽 수요가 대부분이지만, 최근에는 자동차 분야에서도 반도체 사용량이 늘고 있다.

반도체 시장이 이렇게까지 활성화된 이유는 반도체의 수요가 꾸준히 증가하고 있기 때문이다. 반도체는 그동안 라디오를 비롯한 TV나

반도체 용도별 시장(2020년)

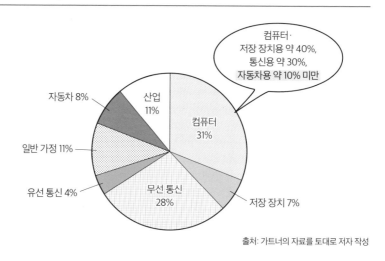

출처: 가트너의 자료를 토대로 저자 작성

비디오 같은 음향·영상 기기와 개인용 컴퓨터, 그리고 휴대전화나 스마트폰 등의 수요를 발판 삼아 시장을 키워왔다. 반도체를 사용한 전자제품이 개발되어 출시됨과 동시에 판매량이 폭발적으로 증가하면서 결과적으로 반도체의 수요와 매출도 빠르게 늘어났다.

반도체 판매량이 큰 폭으로 상승하기 위해서는 반도체를 사용한 전자기기가 세계 시장으로 뻗어 나가야 한다. 시장의 성장률이라는 것은 말 그대로 '전년도 대비 성장'을 뜻한다. 반도체 시장이 이렇게까지 꾸준히 성장할 수 있었던 것은, 반도체를 적용해야 하는 신규 전자제품이 연이어 개발되고 수요가 계속해서 늘었기 때문이다. 반면에 스마트폰과 같은 제품은 해당 전자제품이 필요한 사람들에게 한 번 보급되고 난 뒤에는, 신제품 교체로 인한 수요만이 남게 되고 그 상태에서는 시장이 크게 성장하지 않는다. 새로운 전자제품이 개발되어 폭발적인 판매량을 보인다 해도, 그것이 일정 규모의 시장에 모두 보급되고 나면 성장이 둔화하는 것이다.

물론 인도나 아프리카와 같이 인구가 많은 지역은 아직 국민 전체에게까지 보급되지 않았다. 그러나 사회적인 구조 정비 등의 과제가 남아 있기 때문에 음향 기기와 영상 기기, 개인용 컴퓨터 등 전자제품의 신제품 교체 수요가 증가하기까지는 더 긴 시간이 필요하다. 이 때문에 반도체를 사용한 전자제품의 향후 수요는 세계 시장 기준으로 일단락

되었다고 볼 수 있다.

즉, 지금 세계는 반도체 수요를 극적으로 끌어올릴 만한 상징적인 새 전자제품이 존재하지 않는 상태다. 경제지 등에 소개되는 글만 해도 '다음은 어떤 업계가 반도체 시장을 이끌 것인가'와 같은 내용이 적지 않다. 현재 시점에서 반도체가 적용되는 획기적 전자제품이 아직 등장하지 않았기 때문에 앞으로의 반도체 시장을 불안하게 보는 의견이 있는 것도 사실이다.

앞으로의 반도체 시장은 세포 분열하듯 성장할 것이다

그렇다면 그럼에도 불구하고 반도체 시장이 앞으로도 무서운 기세로 성장할 것이라고 예상하는 근거는 무엇일까. 사실 반도체 시장은 지금 한 가지 큰 변화를 맞이하고 있다. 지금까지처럼 상징적인 전자제품의 수요를 동력으로 반도체의 수요가 늘어나는 시대는 끝나고, 다음 시대가 찾아오는 것이다.

현재 반도체는 그야말로 각양각색의 제품에 사용되고 있다. 전기로 작동하는 제품에는 기본적으로 반도체가 사용되기 때문에, 전력이나 통신 등의 인프라는 물론, 공장에 있는 산업 기기나 자동차 등에도 적용된다. 향후 반도체 수요를 늘려가기 위해 염두에 두어야 할 핵심은 이렇게 '매우 다양한 제품에 사용되고 있다'라는 점이다. 한 종류의 전자제품에 사용되는 반도체의 양만 늘어나는 것이 아니라, 여러 기기에 적용되는 반도체 사용량이 이전보다 조금씩 늘어날 것이다. 동시에 신제품이나 새로운 용도 때문에 반도체 전체 수요가 늘어날 것으로 예측하는 것이다.

일례로 자동차 업계의 경우, 하이브리드 자동차나 전기 자동차가 더 보급됨에 따라 반도체 수요가 늘 것으로 분석한다. 실제 수치를 살펴보자면, 테슬라가 판매하고 있는 전기 자동차 한 대에는 약 수십만 엔어치의 반도체가 사용된다. 테슬라의 전기 자동차는 글로벌 시장 기준으로 1년에 약 100만 대가 생산되기 때문에, 전기 자동차 판매 대수로 환산하면 1년 동안 총 1,000억엔 가량의 반도체가 사용되는 것이다.

또한 현재 전 세계 자동차 회사들은 너도나도 자율주행 자동차를 구현하기 위해 전력을 쏟고 있다. 지금까지는 개인용 컴퓨터나 스마트폰에만 최첨단 반도체가 필요했지만, 앞으로는 자동차가 PC와 스마트폰의 자리를 대체할 것이라 예측하고 있다. 이렇듯 자동차의 전동화·전자화, 자율주행화에 따라 자동차 업계에 필요한 반도체의 양은 틀림없이 증가할 것이다.

다만, 단기적으로는 엔진을 탑재한 기존의 자동차가 사용하는 반도체의 양이 늘어나는 것이, 단중기적으로는 반도체 시장에 미치는 영향이 커지는 것이다. 이러한 상황은 자동차 업계에 국한된 이야기가 아니다. 기존 제품들에 사용되는 반도체의 양이 늘어나고, 같은 현상이 다양한 분야에서 나타나게 되면 그에 따른 반도체 소비량이 대폭 증가할 것으로 전망할 수 있다.

자동차 업계보다 반도체의 사용량이 더 늘어날 것으로 예측하는 분야는 바로 산업 기기 분야다. 산업 기기란 공장에서 사용되는 전자 기기를 말하며, 공장에서 사용되는 로봇, 용접기와 같은 설비, 업무용 인쇄기 등 매우 다양한 전자 기기가 이에 속한다. 산업 기기 분야에서 반도체의 수요가 늘 것이라고 보는 이유는 단순히 전자 기기의 종류나 숫자가 많기 때문이 아니라, 세계가 인더스트리 5.0을 실현하기 위해 움직이고 있기 때문이다.

인더스트리 5.0이란, 2011년에 독일이 내세운 국가 전략 '인더스트리 4.0'을 토대로 하면서 그보다 발전된 제5차 산업 혁명을 일으키려는 아이디어다. 제1차 산업 혁명 때는 18세기에 일어난 에너지 혁명(석탄 에너지)을 발단으로 다양한 산업이 공업화되었다. 제2차 산업 혁명 때는 전기나 철강, 석유나 화학 등 다양한 중화학 공업 분야가 크게 발달했다. 그리고 제3차 산업 혁명 때는 컴퓨터의 발달과 반도체의 발명으로 등장한 PC에 따른 혁명이었나고 할 수 있다.

독일이 제창한 인더스트리 4.0의 핵심은 '스마트 팩토리'라는 콘셉트로, 산업 기기가 각각 인터넷에 연결되는 세계다. 사물인터넷(IoT: Internet of Things)이라고 불리며 산업 기기 등의 물건과 인터넷이 연결되는 세계라고 표현되기도 한다. 구체적으로 예를 들면, 소비자가 인터넷으로 자신만의 컴퓨터를 맞춤제작으로 주문하는 경우, 산업 기기가 인터넷을 통해 주문을 받고, 메인 보드나 SSD 등 필요한 부품을 한 곳에서 자동으로 조립한다. 그리고 필요한 부품을 지정된 색깔의 케이스에 조립하고, 포장까지 자동으로 마친 뒤 주문한 사람이 지정한 장소로 배송하는, 이러한 모든 작업이 사람의 손을 거치지 않고 자동으로 진행되는 세계인 것이다. 다만 2022년 현재까지는 실제로 그만큼 진화하지 못했다.

그렇지만 공장의 산업 기기를 인터넷에 연결할 수 있게 되면서 기기의 가동 상황을 멀리 떨어진 곳에서도 관리할 수 있게 되고, 창고의 선반이 인터넷에 연결되어 재고 수량을 실시간으로 인터넷에 표시해 주는 자동 시스템이 구현되는 등, 산업 기기와 인터넷의 유대는 더욱 단단해지고 있다.

이에 그치지 않고, 인더스트리 5.0에는 디지털 트윈이나 AI 분야의 기술이 적극적으로 활용될 것이라고 한다. 디지털 트윈이란, 현실 세계에서 모은 다양한 데이터를 쌍둥이처럼 컴퓨터 안에서 재현하는 기술이다. 예를 들어, 택배의 배송 추적 서비스가 더욱 고도화되어, 인터넷

데이터 센터(출처: 사쿠라인터넷*)

을 통해 물건이 현재 어디까지 배송되고 있는지를 실시간으로 추적할 수 있게 된다. 지금의 배송 추적 서비스는 '배송 준비 중', '배송 중' 정도로만 표시되지만, 상품을 실은 트럭의 위치를 지도상에 실시간으로 표시할 수 있다면 이러한 서비스가 가능해지는 것이다. 그리고 AI 분야의 경우, 예를 들어 공장에서 나사를 조이는 작업을 기계가 대신할 때, 지금까지는 나사를 조이는 위치를 기계에 지정해 주어야 했다. 그러나 앞으로는 기계가 카메라나 센서를 통해 나사를 조여야 하는 부분을 스

---

* 일본의 **웹호스팅**(컴퓨터 전문 업체에서 자원의 일부를 임대받아 웹 사이트를 구축하는 것) 업체. 클라우드 컴퓨팅 서비스와 IoT 서비스를 제공한다. https://www.sakura.ad.jp

스로 찾아 작업할 수 있게 된다.

이렇듯 그동안은 인간 고유의 영역이라고 생각되던 일, 즉 스스로 판단하거나 스스로 상황을 분석해서 최적의 동작을 수행하는 일까지 기계가 대신할 수 있게 된 점으로 미루어 보면, 기계가 한층 인간의 영역에 가까워지고 있음이 분명하다. 산업 기기가 이러한 진화를 이루기 위해서는 상품이 어떤 장소에 있는지 기계가 판단할 수 있도록 곳곳에 센서를 마련해 두어야 한다.

앞서 말한 실시간 배송 추적 서비스를 구현하기 위해서는 트럭을 인터넷에 연결하는 장치가 필요하며, 이러한 과정에서 모은 정보를 이용자에게 보내줄 서버도 필요하다. 이 모든 것들이 기능하는 데 반도체가 필요한 것이다. 또한 공장에서 작업하는 로봇에 장착할 카메라와 센서에도 반도체가 사용되며, 센서를 통해 모은 정보를 처리하기 위해서도 역시 반도체가 필요하다.

앞으로 각 분야에서의 반도체 수요는 점점 커질 것이다. 그중에서도 특히 주목할 단어는 '디지털과 그린'이다.

먼저, '디지털'에 관해서는 COVID-19로 인한 팬데믹을 예로 들 수 있다. COVID-19가 세계 곳곳으로 퍼져 나가는 동안, 각국에서는 사람과 사람이 직접 접촉하지 않을 수 있도록 그동안 인간이 담당했던 작업을 기계화·자동화하려는 움직임이 많아졌다. 대표적으로 기계가 인간을 대신해 안전하게 운전하는 자율주행과 AI(인공지능), 무선 통신 등의 다양한 첨단 기술을 탑재한 차세대 교통 서비스인 'MaaS(마스)'가 주목받고 있다. 이러한 서비스를 보급하기 위해서는 반도체가 반드시 필요하다.

일본 경제산업성은 2021년 6월에 발표한 '반도체 전략'에서 5G, 빅데이터, AI, IoT, 자동 운전, 로보틱스, 스마트 시티, DX 등이 디지털 사회를 지탱하는 중요 기반인 것으로 분석했고, '안전 보장과도 직결되기 때문에 사활을 걸 만큼 중요한 전략 기술'이라고 그 중요성을 강조했다. 이러한 움직임과 함께 모든 산업 분야의 디지털화는 더욱 가속화될 전망이다.

다음으로 '그린'에 관련해서는 '2050 탄소중립 목표 기후동맹**'을 예로 들 수 있다. 최소 121개국이 2050년까지 국내 온실가스 배출량을 최소화하자는 '탄소 중립'을 목표로 삼았다. 앞으로 디지털 투자가 증가함에 따라 처리하는 데이터의 양 또한 늘어날 것이고, 기술 혁명이 일어나지 않는 이상 전력 소비량도 함께 많아질 것이다. 소비 전력을 낮추고 에너지를 절약하는 관점에서 주목할 것이 혁신적인 물질을 소재

---

* 2019년 칠레의 주도로 설립된 '2050 탄소중립 목표 기후동맹', 즉 '기후목표 상향동맹'에 121개국이 가입하면서 2050 탄소중립 추진전략이 세계적으로 의제화되었다. 이러한 기조에 발맞추어 한국 정부도 관계부처 합동으로 2020년 12월 '2050 탄소중립을 위한 추진전략'을 발표했다.

로 개발하고 있는 전력 반도체다. 전력 반도체를 통해 얻을 수 있는 에너지 절약 효과가 매우 클 것으로 기대되기 때문에, 앞으로 기기의 소비 전력을 줄여 높은 효율로 전력을 공급하려는 움직임이 분명 늘어날 것이다.

'디지털'과 '그린' 외에도 데이터 센터의 확충에 따른 반도체 수요의 증가도 놓칠 수 없다. 인터넷을 통해 동영상을 보거나 영화를 시청하는 문화가 정착되고 웹 미팅이 늘어남에 따라, 그동안 문자나 저용량의 이미지를 주고받던 시대에 비해 필요 통신 용량이 크게 증가했다. 이러한 변화를 수용하기 위해 통신 기기나 데이터 센터의 증설도 속도를 높이고 있다. 특히 COVID-19에 대한 대응책으로 재택근무가 늘어남에 따라 데이터 센터에 대한 투자도 동반 상승하고 있으며, 전 세계 클라우드 기업의 2021년도 설비 투자액은 1,500억 달러에 이른다.

또한 IoT 시대가 도래함에 따라 에지 컴퓨팅(edge computing: 이용자 또는 기계와 가까운 거리에 분산 배치된 컴퓨터 주변에서 데이터를 처리해, 필요한 특정 정보만을 저장하는 네트워크 기술의 통칭)의 등장도 반도체 수요를 늘리는 또 다른 이유가 되고 있다. 최근에는 e스포츠의 보급과 메타버스 등 새로운 서비스의 등장에 따라 게이밍 PC나 VR 고글 등 기존 제품들이 놀라운 수준으로 진화하고 있다. 이렇듯 미래 사회는 수요의 원동력이 되는 한 분야가 극단적으로 발전하기보다 다양한 분야에서의 반도체 수요가 고르게 늘어나는 특징이 있으므로, 향후 반도체 시장은 필연적으로 성장할 것이다.

1,520억 달러에 달하는 반도체의 생산 설비 투자 규모

반도체 시장을 이해하기 위해서는 반도체를 제조하는 데 필요한 설비 투자와 이를 둘러싼 상황을 파악하는 것도 중요하다. 반도체는 생산 설비에 투자하는 금액이 막대한 산업이고, 반도체 제조 설비 시장 또한 활성화되어 있다. 반도체 시장의 규모는 5,559억 달러에 달한다고 앞에서도 언급했다. 게다가 2021년 반도체 설비에 투자된 금액은 1,520억 달러(IC Insights 발표)에 이른다고 한다. 반도체 시장은 규모가 거대할 뿐 아니라 설비 투자 금액이 반도체 시장 규모의 약 28%를 차지하고 있고, 그 비율이 엄청나게 높다.

반도체의 설비 투자 금액이 큰 이유로는 다음 두 가지를 들 수 있다.

- 반도체 제조에는 고도의 기술이 요구되며, 기술을 구현할 설비가 고가다.
- 반도체 자체와 반도체 관련 기술 모두 아직 발전 중이다.

반도체 내부에 고도로 집약된 회로는 nm 단위로 설계되고 만들어지며, 반도체를 제조하는 데에는 엄격한 기준의 청결한 환경이 필요하다. 이러한 설비를 갖추기 위해서는 당연히 큰 금액이 필요하다.

예를 들어, 반도체를 제조하기 위해서는 청결도를 높은 수준으로 유지하면서 다수의 반도체 제조 장치가 들어갈 수 있는 거대한 클린 룸이 필요하다. 물론 현대에 들어서는 어느 공장에나 청결함과 청정도가 요구되지만, 반도체 제조 과정에서 요구되는 클린 룸의 청정도는 식품이나 약품 업계보다 높기 때문에, 제조 현장의 청정도를 유지하는 데에도 많은 설비와 장치가 필요하다.

청정도는 일정 공간 안의 공기 중에 포함된 미립자의 숫자가 적을수록 높은 것으로 본다. 일반적으로 요구되는 청정도는, 낮은 순서부터 자동차 부품 공장이나 수술실·치료실 등이 클래스 1,000~100,000, 약품·식품 공장이 클래스 100~100,000 수준이고, 전자·정밀 부품 공장이 클래스 100~10,000이다. 반도체 공장은 이보다 훨씬 높은 클래스인 1~100의 슈퍼 클린 룸이 요구된다(미국 연방 규격). 예를 들어, 클래스 100에서는 $1ft^3$(1피트 = 약 30.48cm) 안에 직경 $0.5\mu m$인 미립자 수가 100개를 초과해서는 안 된다.

광학 기기나 정밀 기기 등의 제품을 제조하는 현장도 높은 청정도가 요구되지만, 반도체 제조 시설은 그 어떤 분야의 제조 환경보다도 높은

클린 룸(출처: 키오쿠시아 주식회사)

반도체 노광 장치(출처. 캐논)

청정도가 필요해 시설을 갖추고 유지 관리하는 데 드는 비용이 상승할 수밖에 없다.

더욱이 반도체 제조 장치의 경우에는 직경 300mm 정도 크기의 실리콘 웨이퍼에 수 nm 두께의 박막을 균일하게 도포하고, 얇고 부서지기 쉬운 실리콘 웨이퍼를 운반하는 등의 작업을 해내야 하므로, 매우 높은 수준의 기술이 요구된다. 특히 실리콘 웨이퍼에 회로를 새기는 반도체 노광 장치는 역사상 가장 정교한 장치라고 불릴 정도로 높은 정밀도를 자랑하는데, 그만큼 이러한 장비를 갖추고 관리하는 데 비용이 매우 많이 든다. 최첨단 기술을 사용한 노광 장치는 한 대에 200억 엔이 넘는다고 한다.

반도체의 설비 투자 금액이 커지는 또 하나의 이유는 반도체와 반도체 제조 설비 모두 한창 발전 중이라는 점이다. 어느 업계에서든 새로운 기술이나 기술을 실현하는 장치는 값이 비싸기 마련이다. 그리고 기술이 어느 정도 널리 퍼지면 일반화되면서 설비 가격이 조금 내려간다. 반도체 시장 역시 이미 일반화된 기술 관련 장비는 가격이 조금씩 내려가는 경향을 보이지만, 새로운 기술이 꾸준히 상용화되고 있어 설비 투자 금액은 높은 상태가 지속되고 있다.

반도체 제조에서 설비 투자 금액을 높이는 새로운 기술 중 하나는 반도체 미세화 기술이다. 반도체의 집적 밀도는 2년에 2배씩 증가한다고 한다. 반도체 안에 있는 회로 구성 요소의 크기를 1/2로 줄이면, 집적 밀도는 4배가 높아진다.

반도체는 평면 패턴을 여러 층 쌓아 올린 회로로 구성되어 있는데, 여기서 미세화란 이 평면 패턴 안에 그려지는 회로도가 몇 배씩 촘촘해지는 것을 의미한다. 다시 말해, 반도체의 집적 밀도가 2년 주기로 2배, 4배씩 세밀해지는 것이다. 최근 10년 사이 32nm, 22nm, 14nm, 10nm로 집적도를 높이는 성과를 내고 있으며, 반도체 회로의 세밀한 정도를 나타내는 이 수치는 '프로세스 노드(프로세스룰)'라 불리며 반도체 제조 장치의 세대를 알려주는 지표로 사용된다. 프로세스 노드는 대단히 복잡한 미세 가공 기술이 개발됨에 따라 5nm, 4nm로 더 세밀하게 진화할 전망이다. 당연하게도 반도체의 집적도가 높을수록 제조 난도가 높아지고, 반도체 제조 장치의 가격 또한 비싸지기 때문에 설비 투자 금액이 상승할 것이다.

또한 이를 구현하기 위해서는 반도체 내부의 회로 설계 기술도 매우 중요한 요소가 된다. 반도체 내부에는 지극히 복잡한 회로가 그려지기 때문에 조금이라도 반도체를 작게 만들기 위해서는 공간 효율이 좋은 회로를 설계하는 것이 관건이라고 할 수 있다.

반도체 업계의 구조

반도체 업계에서는 새롭고 성능이 탁월한 반도체만 경쟁력이 있는 것이 아니다. 물론 14nm, 10nm, 7nm, 5nm 등 프로세스의 노드가 작은 고성능의 최신 반도체가 연이어 개발되어 값비싸게 판매되고 있지만, 최신품 이외에도 조금 이전의 기술, 예를 들어 65nm나 45nm, 28nm 프로세스 노드의 반도체가 판매되는 시장도 매우 크다는 점이 반도체 업계의 특징이다.

새롭고 성능이 좋은 반도체를 사용해서 만든 전자제품이라고 해서 모두 잘 팔린다는 보장은 없다. 자동차 업계를 예로 들어보면, 새롭고 획기적인 제품이 출시되어도 타이어 주변을 지탱하는 스프링이나 자동차의 골격이 되는 섀시는 오래전부터 사용되어 신뢰도가 높은 기술과 부품을 적용한다. 새로운 자동차라고 해서 모든 부품이 최신 기술로 만들어지는 것은 아니며, 예전부터 있었던 기술에 새로운 기술을 더하거나 지금껏 없었던 조합만으로 새로운 가치를 제공하고 있다.

반도체도 마찬가지로 반도체를 사용한 전자제품을 새롭게 만들 때, 반드시 집적도가 가장 높은 최신 반도체를 적용하는 것은 아니다. 이전부터 사용되어 가격이 어느 정도 안정화된 반도체로도 성능을 충분히 발휘하는 경우가 많다. 실제로 최신식이 아닌 제조 장치나 공정을 통해

TSMC가 발표한 2021년 1분기 프로세스 노드별 매출(합계 129억 달러)

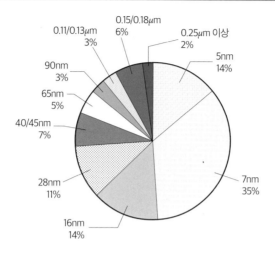

TSMC가 발표한 2022년 1분기 프로세스 노드별 매출(합계 175억 달러)

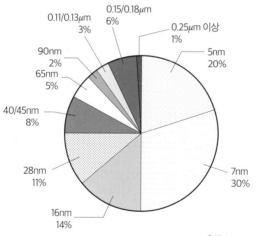

출처: TSMC IR 자료를 토대로 저자 작성

만들어진 반도체의 수요가 매우 많아, 그러한 수요에 대응하기 위해 새롭게 공장을 증설하는 일도 있다.

조금 더 자세히 들여다보자면, WSTS에서는 반도체를 7종으로 분류한다. WSTS가 2021년에 발표한 7종의 반도체와 반도체 시장의 출하 점유율은 다음와 같다.

- **메모리**(28%)

- **범용 로직**(26%)

- **마이크로**(16%)

- **아날로그**(13%)

- **개별 반도체**(5%)

- **광전자 소자**(9%)

- **센서**(3%)

이 중 메모리, 범용 로직, 마이크로, 아날로그를 다시 집적회로로 분류하고, 트랜지스터는 개별 반도체, LED는 광전자 소자로 분류한다. 전자계산기 시대부터 개인용 컴퓨터 시대로의 변화를 이끌어 온 인텔의 마이크로프로세서는 마이크로에 속한다. 반면에 오디오 처리나 영상 처리, 전력 변환 등에 사용되는 반도체는 아날로그로 분류한다. 메모리는 최첨단 기술이 사용된 제품도 많지만, 최첨단 기술이 사용된 범용 로직은 비율이 낮다. 즉, 최첨단 제조 기술을 사용한 반도체의 매출만이 시장을 지탱하고 있는 것이 아니며, 최첨단이 아니더라도 시장의 많은 부분을 점유하고 있다는 이야기다.

'실리콘 사이클'이란

반도체 산업은 늘 활기를 띠는 업계이지만 기복도 물론 존재한다. 특히 1980년대부터 1990년대 사이에 뚜렷이 나타난 반도체 업계의 경기 순환 형태를 '실리콘 사이클'이라고 부르는데, 실리콘 사이클에는 4년, 10년, 이렇게 두 개 주기가 존재한다.

4년 주기의 사이클은, 올림픽 개최 주기와 맞물려 올림픽을 시청하기 위해 TV나 비디오 데크 같은 제품의 구매 수요가 늘어났기 때문이라는 분석이 있다. 올림픽 개최에 맞추어 전자제품 제조사들이 신규 TV 모델 등을 출시하고, 많은 소비자가 올림픽을 관전하기 위해 이러한 제품을 구입했다. 그리고 그 제품들을 사용한 지 4년, 8년이 지나 슬슬 교체할 시기가 찾아올 무렵 다시 올림픽이 개최되고, 올림픽을 보기 위해 전자제품을 다시 교체한다는 이론이다.

1980년대는 대형 컴퓨터를 비롯한 TV나 비디오 데크 등의 가전제품이 반도체 수요를 대폭 늘린 시대였다. 그래서 TV를 비롯한 가전제품의 수요 증감이 반도체 업계의 경기를 비교적 크게 좌우해 왔다고 말할 수 있다. 최근에는 이런 경향이 줄어들고 있지만, 여전히 많은 전자제품 제조사가 올림픽에 맞추어 신제품을 출시하고 있다. 4년 주기 사이클은 올림픽이 하계, 동계로 나뉘어 2년에 한 번씩 개최하게 되면서 폭발적인 수요 확대 타이밍이 없어진 영향도 있어서 현재는 뚜렷한 변화를 보이지 않게 되었다.

10년 주기 사이클은, 개인용 컴퓨터나 휴대전화, 스마트폰 등 전자제품의 대표 선수들을 교체하는 타이밍에 따르는 사이클이다. 굴곡이 가장 뚜렷하게 관측된 것은 2000년 문제가 발생했을 때다. 2000년 문제란, Y2K 또는 밀레니엄 버그라고 불린 사건으로 2000년에 들어서면 컴퓨터가 연도를 정확하게 인식하지 못해 수많은 오류가 발생할 것이라고 문제가 제기되었던 일을 말한다. 이에 따라 1999년부터 2000년 사이에 개인용 컴퓨터의 수요가 급증했다. 그러나 10년 주기 사이클 또한 4년 주기 사이클과 같이 최근에는 뚜렷한 경향을 보이지 않고 있다.

다만, 호황과 불황을 넘나드는 실리콘 사이클 같은 파도가 완전히 사라진 것은 아니다. 이전처럼 4년, 10년 등의 뚜렷한 주기를 보이는 것은 아니지만, 더 복잡해진 경기 사이클이 지금도 존재한다.

이러한 경기 사이클은 수요와 공급의 균형이 무너질 때 발생한다. 예를 들어, 2000년 문제로 인해 발생한 수요, 그리고 최근 COVID-19로 인한 팬데믹 기간 중 어쩔 수 없이 집에 머무는 시간이 급격히 늘어나면서 나타난 수요와 같이 수요가 갑자기 급증했다고 가정해 보자. 반도체는 수요가 늘어났다고 해서 '지금 당장' 생산해 낼 수 있는 제품이 아니다.

이렇게 갑자기 수요가 증가하는 사태가 발생하면 반도체 제조사들은 앞다투어 생산 라인을 증설하고 반도체 공급 체제를 정비한다. 100이라는 수요에 대해 생산 능력이 50 정도인 다섯 개 회사가 동시에 제조를 시작하는 것이다. 그러면 이번에는 공급이 많아지고 이에 따라 반도체의 가격이 폭락한다. 반도체의 가격이 내려가면 제조사는 다음 반도체 제조 설비에 투자를 망설이게 된다. 반도체 업계는 설비 투자에 거액이 필요하기 때문에 실패를 방지하기 위해서는 충분한 수요가 뒷받침되어야 과감히 설비 증설에 투자할 수 있다.

다시 말해, 수요가 먼저 발생하면 그에 맞추어 설비를 보강하기 때문에 갑작스럽게 수요가 증가하면 설비가 충분하지 않아 공급이 부족해지는 사태가 발생하고, 반도체 제조사들이 설비를 추가 도입할 때까지는 또다시 시간이 필요하므로 기간이 긴 사이클이 반복되는 것이다.

최근 20년 사이 반도체 업계의 상황을 보면 2000년 반도체 시장은 최고 가치를 갱신할 정도로 활황이었던 반면에 2001년은 불황을 겪었다. 그 뒤 매출이 잠시 오르기는 했으나, 2008년 리먼 사태로 인해 다시 불황을 맞는다. 그 후 등락을 반복하다 2017년부터 2018년에 걸쳐 데이터 센터, 스마트폰에 사용되는 플래시 메모리가 시장을 주도하며 호황이 찾아온다. 그로 인해 2019년부터 2020년에 걸쳐 불황이 또 한 번 닥칠 것이라는 예측이 있었고 실제로 2019년은 불황이었다.

그러나 2020년부터는 코로나로 인한 수요 형태의 변화로 반도체 업계는 수십 년에 한 번 찾아올 만한 호황을 맞는다. 그러나 기쁨도 잠시, 2022년 후반부터 2023년까지 COVID-19가 가져다준 역사적인 호황의 반작용이 찾아올 것이라는 불안이 늘고 있다. 이렇게 현재 반도체 업계의 경기 사이클은 각종 재해나 국제 정세 등의 영향을 크게 받으며 정확한 미래를 예측하기가 점점 어려워지고 있다.

반도체 공급은 갑자기 멈춘다

반도체 시장이 호황임에도 반도체 부족을 호소하는 이유는, 반도체의 공급망이 매우 불안정한 균형 위에 유지되고 있기 때문이다. 반도체 시장은 어떠한 계기로 공급망 일부가 끊기면 반도체를 공급할 수 없는 위험에 항상 직면해 있다.

반도체 공급을 갑자기 멈추게 할 위험의 주된 요인으로는 다음 두 가지를 들 수 있다.

- **반도체의 공급망은 전 세계에 퍼져 있다.**
- **반도체의 재료나 제조 장치 분야는 특정 회사의 점유율이 높다.**

반도체의 공급망은 전 세계에 퍼져 있는데, 예를 들어 반도체 제조 공장은 일본에 있고, 웨이퍼의 재료인 실리콘은 중국이나 노르웨이에서 생산되고, 웨이퍼는 일본이나 한국에서 가공한다. 최근에는 반도체의 제조에 사용되는 헬륨이나 네온, 아르곤과 같은 비활성 기체의 대부분을 우크라이나에서 생산하고 있는 점이 문제가 되었다.

반도체 제조 공정의 경우, 전 세계에 걸쳐 수평 분업화되어 있어 설계는 미국 기업이, 전공정은 대만 기업이, 마지막으로 후공정은 말레이시아에 있는 기업이 담당하는 경우가 적지 않다. 즉, 멀리 떨어진 다른 나라에서 사고나 재해가 발생했을 경우, 그 나라가 공급망의 일부를 담당하고 있다면 반도체 공급에 영향을 끼칠 가능성이 있는 것이다.

또한 특히 반도체의 재료나 반도체 제조 장치의 경우, 특정 회사의 점유율이 높아, 갑자기 공급이 중단될 수 있는 위험 요인으로 작용하고 있다. 일례로 실리콘 웨이퍼의 경우, 노부코시화학공업의 세계 점유율은 30%에 가깝고, SUMCO의 세계 점유율은 약 20%다. 그뿐 아니라 웨이퍼에 회로를 전사할 때 사용하는 포토마스크는 대일본인쇄와 돗판인쇄(2022년 4월에 회사 분할을 통해 돗판포토마스크라는 포토마스크 제조 회사를 설립)의 점유율이 높다. 더불어 웨이퍼 세정 장치 분야에서는 SCREEN 홀딩스가 40%를 점유하고 있으며, 도쿄일렉트론도 포토레지스트를 도포하고 현상하는 장치(코터 디벨로퍼) 분야에서 90%를 점유하고 있다. 이들 모두가 일본 기업이기 때문에, 2011년 3월에 발생한 동일본 대지진과 같이 일본 전체에 영향을 미칠 만한 재해가 일어나면 전 세계에서 반도체를 만들 수 없는 사태가 발생할 가능성이 있는 것이다.

이렇게 반도체의 공급망은 대단히 위태로운 상황에 처해 있다고 말할 수 있다. 실제로 COVID-19로 발생한 반도체 부족 사태 이전에도, 반도체 공급 위기는 계속 일어나고 있었다. 예를 들면, 1993년 7월에 스미토모화학공업(현 스미토모화학)의 에히메 공장에서 화재가 발생했다. 이 공장에서는 반도체의 패키징에 필요한 에폭시 수지를 제조하고 있었고, 당시 세계 시장의 63%를 점유하고 있었다. 화재의 영향으로 스미토모화학공업은 1개월 동안 생산을 중단했고, 전 세계 반도체 제조사가 에폭시 수지를 확보하기 위해 동분서주해야만 했다. 이 일은 COVID-19 사태 이전에 일어나 반도체 부족이라는 형태로 문제가 되지는 않았지만, 그 뒤로 발생한 동일본 대지진과 구마모토 지진, COVID-19 사태를 겪으며 반도체 공급망의 위태로운 특징이 두드러졌다.

그 후에도 세계 각지에서 다양한 위기가 발생했다. 2021년 2월에는 미국 텍사스주를 덮친 최강 한파로 대규모 정전이 발생했다. 이에 따라 삼성전자나 독일 인피니언 테크놀로지스와 같은 반도체 제조사의 텍사스 공장은 길게는 수개월 동안 생산이 중단되었다. 특히 미국 일부 주에서는 전력 시장이 자유화되었기 때문에 일본보다 대규모 정전이 발생할 위험이 큰 상태였다. 일반적으로 반도체 공장에는 자가발전 장치가 구비되어 있지만, 대규모 정전과 같이 긴 기간 동안 정전이 발생하는 경우에는 대응이 불가능하다.

게다가 2022년 1월 2일에는 반도체 제조 장치 제조사인 ASML의 독일 공장에서 화재가 발생했다. ASML은 네덜란드 회사이지만, 독일 베를린에 위치한 공장에서 화재가 발생한 것이다. ASML은 EUV라는 파장이 매우 짧은 자외선을 사용한 노광 장치를 생산하고 있는데, 이 노광 장치를 만드는 다른 제조사가 전무한 상황이기 때문에, 점유율이 말 그대로 100%였다. 이 공장의 화재로 인해 노광 장치의 부품 생산이 잠시 중단되었다. 그 결과 최첨단 반도체를 제조할 설비의 납품이 늦어지고, 그곳에서 생산할 예정이었던 반도체의 공급까지 지연되는 사태가 발생했다.

또한 2022년 2월에 발생한 러시아의 우크라이나 침공과 같은 전쟁을 비롯해, 테러와 쿠데타 등 국내외 안전을 위협하고 있는 문제들도 반도체 공급을 불안정하게 만드는 요인이다.

화재나 지진, 전쟁, 테러 등의 경우에는 기본적으로 제조 공장이나 제조 장치가 직접 피해를 보기 때문에, 복구하는 데 긴 시간이 걸린다. 이러한 이유로 반도체의 공급이 장기간 중단되는 상황을 상상하기 어렵지 않을 것이다.

반면에 정전으로 공장의 제조 라인이 잠시 멈추는 정도만으로도 오랜 기간 반도체 생산이 불가능해진다는 점은 알아두어야 할 중요한 사항이다. 정전이 일어날 경우, 전력의 공급 자체는 길어도 며칠 안에 복구되지만, 정전 발생 시점에 반도체 제조 장치 안에 남아 있던 재공품*을 제거한 뒤에 제조를 처음부터 다시 시작해야 한다. 예를 들어, 전공정의 경우에는 웨이퍼 상태에서 여러 차례의 박막 공정을 거쳐 출하할 수 있는 상태가 되기까지 3개월이 소요되기 때문에, 단 한 번의 정전만으로도 긴 시간 동안 반도체 출하가 불가능해지는 것이다.

---

* Work in process: 공장에서 생산과정 중에 있는 물품으로 가공이 더 되어야 제품이나 부품 역할을 할 수 있고, 그대로는 판매할 수 없다.

이렇게 반도체 업계는 COVID-19 사태 이전은 물론이고, 이후인 지금도 여전히 공급이 부족해질 위험을 안고 있다. 특히 일본은 지진을 비롯한 재해가 많은 나라이고 반도체의 재료나 제조 장비 시장에서 점유율이 높은 기업이 다수 있기 때문에, 공급 부족의 방아쇠가 될 가능성이 크다. 한 번 산업이 멈추어 버리면 수개월 동안 반도체를 출하할 수 없다는 반도체 공정의 특징상, 반도체 공급 부족 사태는 언제 다시 발생해도 이상하지 않다.

갑작스러운 수요 증가가 반갑지만은 않은 이유

반도체의 공급이 멈추면 반도체를 사용한 다양한 전자제품의 제조가 멈추어 버린다. 반도체는 공급망의 구조상 항상 공급이 부족해질 위험을 안고 있으니, 반도체 제조사나 반도체 사용 기업이 재고를 조금 넉넉히 비축해 두면 될 것이라 생각할 수도 있다. 그러나 실제로는 공급자인 반도체 제조사 입장에서는 비축하기가 어렵다.

반도체 업체가 재고를 비축하기 어려운 이유는 두 가지 관점에서 설명할 수 있다. 먼저 메모리 등 최첨단 반도체 측면에서 보는 어려움, 다음은 그 외의 일반적인 반도체 측면에서 보는 어려움이다.

메모리나 최첨단 MPU 등 최첨단 제조 장치로 만드는 반도체는 소품종 대량생산품이다. 최첨단 대용량 DRAM이나 플래시 메모리, 인텔의 마이크로프로세서 등이 이에 해당하는데, 한 종류의 반도체를 대량으로 만들어 그것을 다양한 전자제품에 탑재하는 것이다. 모델 수가 적으면 비축해 두기 어렵지 않으리라 생각할 수 있으나, 재고가 대량으로 남아 있으면 수요 균형이 깨지며 가격이 폭락하는 일이 생길 수 있다. 최첨단 제조 장치로 만드는 반도체는 개발 투자나 설비 투자 금액이 매우 커, 납품 가격이 붕괴하면 투자금을 회수할 수 없는 위험이 생긴다. 또한 만일 재고로 남아 있던 제품이 팔리지 않고 남으면, 남은 만큼 기업에게는 손실이 된다. 이러한 이유로 최첨단 제조 장치로 만드는 반도체는 재고를 비축해 두기 어렵다.

반면에 일반적인 반도체인 경우는 최첨단 제조 장치로 만드는 제품과 달리, 다품종 소량생산이다. 그래서 제조하는 모든 종류의 재고를 보관하려면 관리가 대단히 복잡해지므로 일반 반도체도 재고를 비축해 두기에 어려움이 따른다.

재고가 없는 경우, 갑작스럽게 발생하는 수요에 어떻게 대처할까. 다품종 소량생산이라면 흔히 생산 설비를 좀 더 오래 가동하면 된다고 생각하는 사람이 있을 것이다.

그러나 반도체 업계의 구조상 그 또한 쉽지 않다. 반도체 제조사의

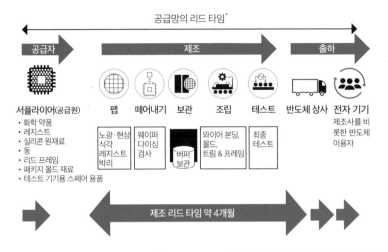

출처: EE Times Japan, '반도체 제품의 복잡한 공급망'*'을 토대로 저자 작성

경우, 보통 하나의 설비에서 여러 종류의 반도체를 생산한다. 예를 들어, 한 라인에서 3개월 동안 같은 반도체를 만든다고 하면, 다음은 다른 반도체를 6개월 동안 만들고, 그다음에 또 다른 종류의 반도체를 생산하는 식으로 작업이 순차적으로 이루어진다. 즉, 수요가 발생했다고 해서 당장 그 수요에 맞게 출하 수량을 늘릴 수 있는 상황이 아닌 것

---

* lead time: 설비 납기, 주문이 들어온 시간부터 납품까지 걸리는 시간.
** https://eetimes.itmedia.co.jp/ee/articles/2104/27/news013.html

이다. 이러한 이유로 반도체를 비축해 둘 수 없기에, 갑작스러운 수요 증가에 실시간으로 대응하기는 거의 불가능하다.

그렇다면 반도체 제조사가 아니라 반도체를 이용하는 기업 쪽의 비축 방식은 어떨까. 토요타자동차는 '저스트인타임 생산 시스템'이라고 불리는 칸반시스템***을 적용하고 있다. 이는 '필요한 물건을 필요한 때에 필요한 만큼 공급한다'는 목표를 가진 시스템으로, 말 그대로 필요 없는 재고는 쌓아두지 않는 방식이다. 모든 제조업에서 '재고는 죄고(罪庫)다'라고 표현하듯, 재고가 쌓일수록 기업은 어려워진다.

자동차 한 대를 완성하는 데 있어서 반도체가 차지하는 비용은 전체 부품 비용 중 겨우 몇 %에 불과하다. 또한 자동차 회사는 해당 반도체를 사용한 응용 기기나 최종 단위의 제품을 앞으로 몇 년 더 계속 생산할지 예측해 계획을 세운다. 이러한 이유로, 특히 자동차나 산업 기기처럼 범용 반도체를 다량 사용하고 전체 부품 비용 중 반도체가 차지하는 비중이 크지 않은 업종에서는, 만일을 대비해 어느 정도의 재고를 확보해 두는 것도 의미가 있다고 생각한다. 반면에 스마트폰이나 태블릿 컴퓨터와 같이 최종 제품 전체에서 반도체가 차지하는 비중이 높은

*** Kanban System: 칸반시스템은 토요타자동차의 생산시스템에서 유래된 용어로 JIT(Just in Time, 적시관리) 시스템의 생산통제수단이다. 낭비하지 않고 필요한 때에 필요한 물건을 필요한 양만큼만 만들어서 더 좋게, 더 빨리, 더 싸게 생산하기 위한 목적으로 활용된다.

반도체 제품별 제조·판매의 특징

제품 종별	특징	제조 과정	비축의 용이성	판매
메모리	소품종 대량	미세화 첨단 기술 + 대규모 투자	어려움 (가격 하락 리스크)	대규모 고객용
로직	소품종 대량 ~ 다품종 소량	미세화 첨단 기술 ~ 레거시 시스템	어려움 (일부는 대량으로 생산되어 비축 불가, 가격 하락 리스크)	범위가 넓고, 자동차용으로는 특수한 지원 필요 → 상사의 지원 필요
마이크로				
아날로그	다품종 소량	레거시 시스템	어려움 (제품 종류가 많음)	산업용 등 범위가 넓다 → 상사의 지원 필요
센서	중품종 중량	특수한 공정이 필요한 경우가 있음	중 (일부 제품은 비축 가능)	이미지 센서는 대규모 고객용, 그 외 센서는 범위가 넓고 상사의 지원 필요

출처: 자사 자료를 토대로 저자 작성

전자제품의 경우에는, 반도체 제조사와 같은 이유에서 반도체를 비축해 두기 어렵다.

즉, 반도체는 언제 어떤 형태로 갑자기 공급이 부족해져도 이상하지 않고, 일부 업계를 제외하면 반도체를 비축해 두기도 어려운 제품이다. 이러한 문제를 보완하는 데 의미 있는 대책으로는 디지털 시스템을 이용해, 반도체의 수요와 공급 예측의 정확도를 높이는 방법과 반도체 상사를 완충제로 이용하는 방법이 있다.

세계적으로 중요도가 높아지고 있는 반도체 상사

반도체 상사란, 재고를 확보할 수 있는 반도체는 재고를 비축해 두고, 다품종 소량생산하는 반도체는 판매를 돕고, 기술적으로 지원하는 기업을 말한다.

반도체 상사는 세 가지 역할을 한다. 첫 번째는 영업·마케팅 기능, 두 번째는 재고·물류 기능, 세 번째가 금융 기능이다. 요컨대 상사는 다수의 고객사에서 다양한 수요를 한곳에 모았기 때문에 운용이 가능한 것이다. 예를 들어, 한 반도체 제조사의 고객사에서 반도체가 더이상 필요 없어졌을 경우, 그 반도체가 필요한 다른 고객사에 연결해 줄 수 있다. 반도체 제조사 입장에서는 생산한 반도체가 만약 남았다고 해도 매입해 주는 상사가 있으면 안심하고 반도체를 생산할 수 있다. 반도체 상사는 공급망의 일부를 담당하는 존재이면서, 반도체 시장이 수요 변동을 겪을 때 많은 반도체 제조사와 고객사를 최선의 형태로 연결해 주는 코디네이터와 같은 존재다.

반도체 상사 중에서도 판매나 기술 지원, 물류를 세계적인 규모로 수행하는 상사를 '글로벌 디스트리뷰터'라고 한다. 반도체 상사는 1990년 이후, 전자 산업이 수평 분업화로 바뀌어 감에 따라 세계 시장으로 무대를 넓혀 더욱 발달했다. 세계적 규모로 반도체를 취급하는 상사 중 특히 거대한 3대 기업이 존재하는데, 이를 '메가 디스트리뷰터'라고 한다. 메가 디스트리뷰터에 속하는 기업은 미국의 애로우일렉트로닉스, 애브넷, 그리고 대만의 WPG 홀딩스다. 이 중 가장 큰 기업인 애로우일렉트로닉스는 전 세계가 반도체 부족에 허덕이고 있던 시기에도 매년 매출이 상승해, 2021년 12월에는 최고 매출액이 전년도 대비 20% 증가한 344억 7,700만 달러를 기록했다.

미국의 반도체 상사가 매출을 크게 늘릴 수 있었던 배경에는 전자제품 제조의 글로벌한 수평 분업화가 있다. 1990년대 이후 미국의 전자제품 제조사들은 다양한 고객사를 유치하기 위해, 각 고객사의 요구에 맞는 제품을 맞춤으로 제공하기로 한다. 반면에 인터넷과 IT가 발달하면서 전자제품의 수명이 짧아져 제품을 미리 넉넉하게 만들어 둘 수 없는 상황에 처한다.

이러한 상황 속에서, 미국의 전자제품 제조사는 BTO(Build to Order: 주문한 사람이 지정하는 시스템, 구성에 맞게 조립하는 방식)와 TTM(Time to Market: 시장을 점유하는 확률을 높이기 위해 이른 시기에 상품을 시장에 투입하는 방법)을 전략으로 내세웠기 때문에, 수직 통합형 기업처럼 회사 내에서 자체적으로 모든 공정에 자본과 시간을 투자하는 방식은 지속하기 어려워졌다. 따라서 개발과 시생산, 판매, 유지보수와 교환을 제외한 제품의 제조 공정에 관해서는 EMS(Electronics Manufacturing Service: 전자제품의 제조 위탁 서비스) 기업에 외주를 넣을 수밖에 없는 상황이 된 것이다. 이러한 상황에서 미국에서는 EMS 기업이 대두했고, 전자제품 제조사들도 수평 분업형 비즈니스 모델로 이행하게 되었다.

제조 공정 전문 EMS 기업에 외주를 주게 되면 전자제품 제조사는 그 외 업무인 샘플 생산(시생산)과 개발에만 집중할 수 있다. 그렇게 되면 사내에서 부품부터 완제품까지 자체 생산하는 방식에 비해 반도체와 전자부품의 구입량이 대폭으로 줄고, 반대로 시생산 횟수가 늘어나는 만큼 필요한 반도체의 종류는 많아진다. 한편, 전자제품의 조립 생산을 담당하는 EMS 기업은 아시아 지역에 위치한 공장에서 반도체나 전자부품을 조달하는 일이 많아져, 전자제품 제조사가 있는 지역 이외의 곳까지 포함한 글로벌 규모의 납품 지원이 필요하다.

이러한 필요에 따라 탄생한 것이 반도체 상사다. 세계 각국의 반도체 다품종 소량생산 수요에 발 빠르게 대응하는 전략은 물론, 인터넷의 보급으로 크게 발달한 인터넷 쇼핑 플랫폼을 판매 수단으로 삼는 전략까지, 이용자 입장에서 쉽고 빠르게 구입할 수 있도록 준비해 두는 것이다. 이렇게 반도체 상사는 반도체 제조사와 이용자 모두에게 도움이 되는 방향으로 사업을 펼침으로써 매출을 올린다.

칩원스톱은 전자제품 제조사의 다품종 소량생산용, 그리고 설계 단계에서 쓰이는 시생산용 반도체를 막힘없이 조달하기 위해 반도체를

글로벌 반도체 상사 매출 순위

회사명		2021년				2020년		2006년	
	순위	총 수입 (단위: 100만 달러)	2020년 대비	2006년 대비	순위	총 수입 (단위: 100만 달러)	순위	총 수입 (단위: 100만 달러)	
1	애로우 일렉트로닉스	1	34,377.02	+20.2%	+153.5%	1	28,673.36	2	13,600.00
2	WPG 홀딩스	2	27,810.00	+27.6%	+568.8%	2	21,795.14	4	4,157.98
3	애브넷	3	19,534.68	+19.6%	+32.3%	3	16,340.10	1	14,765.80
4	퓨처 일렉트로닉스	4	6,000.00	+0.0%	+31.9%	4	6,000.00	3	4,550.00
5	디지키	5	4,700.00	+62.1%	+466.9%	5	2,900.00	6	829.00
6	TTI	6	3,405.00	+17.8%	+230.6%	6	2,890.00	5	1,030.00
7	N.F.스미스앤 어소시에이트	7	3,400.00	+144.6%	+733.3%	9	1,390.00	13	408.00
8	얼라이드 일렉트로닉스 & 오토메이션	8	3,315.35	+61.0%	+1073.2%	7	2,058.67	16	282.60
9	마우저 일렉트로닉스	9	3,266.80	+60.8%	+1575.3%	8	2,032.00	22	195.00
10	퓨전 월드와이드	10	2,498.77	+105.8%	+1222.1%	12	1,214.00	23	189.00

출처: Source Today, '2022 Top 50 Electronics Distributors List*'를 토대로 저자 작성

---

* https://www.supplychainconnect.com/rankings-research/article/21240956/2022-top-50-electronics-distributors-list

한 개부터 구매할 수 있는 시스템을 갖추어 두었고, 소량 구매 시에는 가격이 달라짐을 명시해 두고 다음 날 바로 배송하도록 했다. 그 결과 전자제품 제조사들이 목표로 한 Time to Market을 발 빠르게 도입하는 데 공헌할 수 있었다. 그리고 이런 시스템을 전 세계적으로 구축해 나감으로써 반도체 상사의 중요도를 높이고 있다.

최근에는 반도체 이용 기업들이 공급망 변동의 위기에 대비해 재고를 쌓아두려는 움직임을 보여, 반도체 상사가 공급과 재고 관리 등을 지원하는 경우도 있다.

중국, 대만, 미국… 세계 최고는 누구인가!

전 세계 반도체 시장의 미래 동향을 논하기 전에 반도체의 역사를 되짚어 보자. 먼저, 미국에서 반도체가 발명되었고 상용화에 성공했다. 그후 일본이 일시적으로 높은 시장 점유율을 보였지만, 반도체의 수요가 개인용 컴퓨터에서 휴대전화로 바뀔 무렵부터 상승세를 잃기 시작했다.

이 시기부터 반도체를 둘러싼 전 세계 동향이 복잡해지기 시작한다. 수직 통합형에서 수평 분업형으로 비즈니스 모델이 달라지면서, 대만과 한국, 중국 등의 파운드리 기업들이 주목받게 되고 미국에서는 팹리스 기업이 늘어나는 등, 어떤 나라가 유독 강세를 보인다고 표현하기 어려운 구도가 되었다. 예를 들어, '최첨단 반도체로 매출이 크게 오른 기업'이라는 표현만 해도, 실제로는 TSMC와 같은 최첨단 반도체 파운드리 기업과 팹리스 기업이 한 팀으로 움직이는 경우가 많아 쉽게 단정할 수 없다.

2022년 현재 반도체 제조를 전문으로 하는 파운드리 중 강세를 보이는 기업은 다음과 같다.

- **TSMC**(대만)
- **삼성전자**(한국)
- **UMC**(대만)
- **글로벌파운드리스**(미국)
- **SMIC**(중국)

대만이나 한국, 미국과 더불어 중국의 기업이 파운드리 시장에서 상위권을 차지하고 있다. 그중에서도 정상에 자리 잡고 있는 기업이 TSMC다. TSMC는 최첨단 기술을 강점으로 승부하는 기업으로, 2025년부터 2nm 공정을 적용한 반도체 생산을 시작할 계획이다. 기술 면에서 압도적으로 강력한 TSMC를 바짝 뒤쫓고 있는 기업은 삼성전자로,

스마트폰용 애플리케이션 프로세서나 자동차용 마이크로컨트롤러 제조를 중심으로 사업을 전개하고 있다. 그리고 UMC는 아날로그 IC나 디스플레이 드라이버 IC, RFIC 등 폭넓은 반도체 제조 품목을 취급하는 점이 특징이다.

한편, 반도체 설계를 전문으로 하는 팹리스 기업 중 강세를 보이는 기업은 다음과 같다.

- **퀄컴**(미국)

- **브로드컴**(미국)

- **엔비디아**(미국)

- **미디어텍**(대만)

- **AMD**(미국)

- **하이실리콘**(중국)

팹리스 기업은 미국이 주로 강세를 보이고 있으며, 대만과 중국의 기업이 추격하고 있다.

최근에는 대만과 한국, 중국이 반도체 시장에서 높은 실적을 올리고 있다는 뉴스를 접할 기회가 많을 것이다. 그래서 '미래 반도체의 주역은 대만과 한국이다'라는 인상을 가진 사람도 상당히 많을 것으로 생

2022년 1분기 파운드리 기업의 매출 순위(단위: 100만 미국 달러)

순위	회사	2022년 1분기	2021년 4분기	전 분기 대비
1	TSMC	17,529	15,748	+11.3%
2	삼성전자	5,328	5,544	-3.9%
3	UMC	2,264	2,124	+6.6%
4	글로벌파운드리스	1,940	1,847	+5.0%
5	SMIC	1,842	1,580	+16.6%
6	화홍	1,044	864	+20.8%
7	PSMC	665	619	+7.4%
8	VIS	482	458	+5.2%
9	넥스칩	443	352	+26.0%
10	타워세미컨덕터	421	412	+2.2%
10위까지의 합계		31,957	29,547	+8.2%

1. 삼성전자의 수익에는 시스템 LSI 사업부와의 파운드리 사업에서 발생한 수익이 포함되어 있다.
2. 글로벌파운드리스의 수익에는 IBM에서 취득한 칩 제조용 유닛을 통해 발생한 수익이 포함되어 있다.
3. PSMC의 수익에는 파운드리 수익만이 포함되어 있다.
4. 화홍의 수익에는 수치가 공개된 수익만이 포함되어 있다.

출처: EPS News, 'Trend Force: Top 10 Foundries' Revenue Hits All-Time High'

각한다. 그러나 여기서 주의해야 할 점은, TSMC는 파운드리 기업이라는 부분이다. 어떤 반도체를 개발하는지 결정하는 주체는 팹리스 기업

---

* https://epsnews.com/2021/06/01/trendforce-top-10-foundries-revenue-hits-all-time-high

이고, 파운드리 기업은 팹리스 기업에서 수주를 받아 반도체를 제조하는 것이다. 즉, 대만이나 한국에 있는 파운드리 기업이 높은 제조 기술을 보유해 강세를 보이는 것은 사실이지만, 파운드리 기업이 주체가 되어 혁신적인 전자제품을 전 세계로 확대할 가능성은 그리 높지 않다는 말이다. 반면에 팹리스 기업 중 하나인 퀄컴은 스마트폰의 통신에 사용되는 반도체 소자를 누구보다 빨리 개발했다. 또한 엔비디아에서 개발한 GPU(Graphics Processing Unit)는 그래픽 데이터 처리에 특화되어 게임기나 데이터 센터의 서버 등에 사용되고 있다.

IC Insights의 조사에 따르면, 세계 반도체 판매액 전체에서 팹리스 기업이 차지하는 비율은 매년 상승하고 있다. 2002년에는 13.0%였던 것이 2010년에는 23.7%, 2020년에는 32.9%까지 성장했다. 벤처 기업도 놀라운 성장세를 보였다. 최근 10년 동안 성장한 기업으로는 GaN(질화갈륨) 전력 반도체를 주력으로 하는 미국 이피션트파워컨버전(EPC), AI 칩 개발에 특화된 미국 세레브라스시스템즈와 삼바노바시스템즈, 마이크로컨트롤러 개발에서 앞서 있는 미국 앰비크마이크로 등을 들 수 있다. 위의 조사에서 보면 현재 일본 기업의 점유율은 낮지만, 앞으로 대기업이나 벤처 기업 모두 팹리스 기업으로서 성공할 기회는 충분히 있다고 생각한다.

당연한 이야기이지만, 수평 분업 구조에서 팹리스 기업이 우월하고 파운드리 기업이 우월하지 않다는 뜻은 아니다. 팹리스 기업의 높은 개발력과 파운드리 기업의 높은 제조 기술이 양립하지 않으면 좋은 반도체는 성립될 수 없다. 최근 대만이나 한국의 반도체 기업들이 높은 실적을 보이는 모습 등을 통해 각 기업이 반도체 산업 생태계 안에서 어떤 역할을 하며, 각 사가 보유한 강점은 무엇인지 파악해 둘 필요가 있는 것이다.

현재 IDM 부문에서 강세를 보이는 기업에는 텍사스 인스트루먼트나 인피니언 테크놀로지스 등이 있다. 텍사스 인스트루먼트는 실리콘제 트랜지스터를 개발한 기업이다. 그리고 인피니언 테크놀로지스는 유럽 최대의 엔지니어링 회사인 독일의 지멘스에서 파생되어 탄생한 기업으로, 자동차용 반도체 설계, 제조를 주력 사업으로 하고 있다. 미국의 아나로그디바이스와 스위스의 ST마이크로일렉트로닉스의 동향도 놓칠 수 없다. 아나로그디바이스는 아날로그 IC나 MEMS(Micro Electro Mechanical Systems) 센서 등에 강한 기업이다. 그리고 ST마이크로일렉트로닉스는 이탈리아와 프랑스의 반도체 제조사를 기원으로 하며 마이크로컨트롤러와 센서 등 폭넓은 제품을 제공하고 있다.

그 외에 특징적인 기업을 꼽아보면, IDM이면서 파운드리 기업의 면모도 함께 가지고 있는 인텔이나 삼성전자와 같은 기업도 존재한다. 예를 들어, 인텔은 2022년에 파운드리 기업인 이스라엘의 타워세미컨덕터를 매수하는 등 파운드리 사업 강화에 힘을 쓰고 있다.

2022년 현재, 반도체 산업에 있어 어느 나라가 세계 최고인지 이야기하기 위해서는 반도체 관련 사업의 세 가지 형태인 파운드리, 팹리스, IDM에 관해서도 고려해야 한다. 반도체 산업에서 각 기업이 차지하는 영향도 등에 관해 논할 때는 그 기업이 어떤 형태의 사업을 주력으로 하는지 염두에 두도록 하자.

일본 반도체는 세계 시장에서 뒤처지고 있다!?

최근 많은 분야에서 '일본의 시대는 이제 끝났다'라는 식의 논평을 듣게 된다. GDP는 계속 떨어지고 있고, 미국에 이어 세계 2위였던 일본의 모습은 과거의 영광이 되어버렸다. 일본이 쇠퇴하고 있다고 여겨지는 분야 중 반도체도 예외가 될 수 없다. 실제로 1970년대부터 1980년대에 이르기까지 일본의 반도체가 세계를 주도하며 '히노마루 반도체'라고 불렸던 것에 반해, 2000년대에 들어서면서 점유율이 급속히 하락했다.

이런 사태가 발생한 원인으로는 미·일 반도체 협정이나 개인용 컴퓨터의 등장으로 인한 점유율 감소 등을 꼽을 수 있다. SIA가 발표한 월

GDP(국내총생산), 반도체 시장의 나라별 점유율 추이

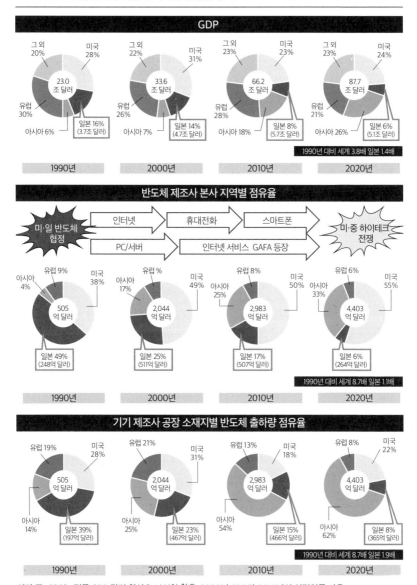

GDP

| 1990년 | 2000년 | 2010년 | 2020년 |

23.0 조 달러
그 외 20%
미국 28%
유럽 30%
아시아 6%
일본 16% (3.7조 달러)

33.6 조 달러
그 외 22%
미국 31%
유럽 26%
아시아 7%
일본 14% (4.7조 달러)

66.2 조 달러
그 외 23%
미국 23%
유럽 28%
아시아 18%
일본 8% (5.7조 달러)

87.7 조 달러
그 외 23%
미국 24%
유럽 21%
아시아 26%
일본 6% (5.1조 달러)

1990년 대비 세계 3.8배 일본 1.4배

반도체 제조사 본사 지역별 점유율

미·일 반도체 협정 → 인터넷 → 휴대전화 → 스마트폰 → 미·중 하이테크 전쟁

PC/서버 → 인터넷 서비스 GAFA 등장

505 억 달러
유럽 9%
미국 38%
아시아 4%
일본 49% (248억 달러)

2,044 억 달러
유럽 %
미국 49%
아시아 17%
일본 25% (511억 달러)

2,983 억 달러
유럽 8%
미국 50%
아시아 25%
일본 17% (507억 달러)

4,403 억 달러
유럽 6%
미국 55%
아시아 33%
일본 6% (264억 달러)

1990년 대비 세계 8.7배 일본 1.1배

| 1990년 | 2000년 | 2010년 | 2020년 |

기기 제조사 공장 소재지별 반도체 출하량 점유율

505 억 달러
유럽 19%
미국 28%
아시아 14%
일본 39% (197억 달러)

2,044 억 달러
유럽 21%
미국 31%
아시아 25%
일본 23% (467억 달러)

2,983 억 달러
유럽 13%
미국 18%
아시아 54%
일본 15% (466억 달러)

4,403 억 달러
유럽 8%
미국 22%
아시아 62%
일본 8% (365억 달러)

1990년 대비 세계 8.7배 일본 1.9배

| 1990년 | 2000년 | 2010년 | 2020년 |

저자 주: GDP는 명목 GDP, 달러 환산은 낭시의 환율, 2020년 GDP만 2019년의 실적치를 사용

출처: IMF, WSTS, IC Insights의 데이터를 토대로 저자 작성

단위 출하 금액의 통계에 따르면, 2021년 연말부터 2022년에 걸쳐 미국과 유럽, 중국, APAC(일본, 중국을 제외한 아시아 태평양)이 최고 출하액을 경신했지만, 일본은 2010년 10월 이후 아직 최고치를 경신하지 못하고 있다. 일본이 반도체 소비 시장으로서 입지가 좁아진 점도 일본 반도체 제조사의 점유율이 하락하는 데 영향을 미쳤다고 할 수 있다.

그렇다면 실제로도 일본산 반도체가 뒤처지고 있으며, 일본은 세계 반도체 시장에 대한 영향력을 잃은 것일까. 결론부터 말하자면, 일단 현시점으로는 일본의 영향력이 과거에 비해 떨어진 것이 사실이다. 그러나 앞으로의 일에 관해 이야기하자면, 과거와 같은 상황을 되찾기는 어렵겠지만, 반도체 업계 안에서 영향력을 유지하는 것은 가능하다고 생각한다. 이를 설명하기 위해 다음 세 가지 포인트를 살펴보자.

- 국가 경쟁력이 높은 파운드리 기업이나 팹리스 기업이 없다.
- 반도체 재료나 반도체 제조 장치에 관해서는 지금도 일본의 점유율이 높다.
- 일본에는 일본 내외 기업을 포함해 반도체 공장이 다수 존재한다.

먼저 일본에는 높은 국가 경쟁력을 보유한 파운드리 기업도 팹리스 기업도 없다는 점이다. 전 세계에 수평 분업화가 보급되는 동안 일본은 그 흐름을 타지 못했다. 실제로 일본의 반도체가 뒤처지고 있다고 평가

하는 사람 대부분이 이 점에 대해 지적하고 있다. 그렇게 보면 일본의 반도체가 뒤처져 있다는 말도 틀린 말이 아니다.

그렇다면 어째서 일본은 수평 분업화의 흐름을 타지 못했을까. 그 이유로 일본 기업이 설계부터 제조까지 모두 담당하는 수직 통합형에 대한 고집이 있었던 점을 첫째로 꼽을 수 있다. 일본 기업 중에는 눈으로 직접 확인할 수 있는, 사내에서 철저히 관리해 과잉 품질이라고 불릴 만큼 높은 품질의 제품에 대한 고집을 가진 기업이 대부분이었다. 그들의 고집과 품질에 대한 자부심을 지키기 위해서는 일관된 생산 체제를 유지해야 했다. 실제로 1970년대부터 1980년대에 걸쳐 일본이 수직 통합형 비즈니스 모델로 세계를 주도할 수 있었던 배경에 이러한 고집이 있었다.

그러나 이러한 고집이 일본 기업의 수평 분업화 도입에 걸림돌이 된 것도 사실이다. 수직 통합형을 포기하고 수평 분업형으로 선회하는 데는 매우 긴 시간이 걸렸다. 반도체의 설계를 맡는 회사나 부문은 어디까지나 전자제품 제조사의 하청이라는 인식에서 벗어나지 못하고, 팹리스 기업이나 파운드리 기업으로 진화할 수 없었다. 또한 벤처 기업으로 팹리스 기업이 일본에서 탄생하기는 했으나 모두 큰 성공을 거두지 못했다.

2022년 현재 예전과 같은 수직 통합형 비즈니스 모델을 유지하고 있

세계의 반도체 제조사 매출 순위 (1990~2021년)

순위	1990년	1995년	2000년	2005년	2010년	2015년	2020년	2021년
1위	NEC	인텔	인텔	인텔	인텔	인텔	인텔	삼성전자
2위	도시바	NEC	도시바	삼성전자	삼성전자	삼성전자	삼성전자	인텔
3위	모토로라	도시바	TI	TI	도시바	SK 하이닉스	SK 하이닉스	SK 하이닉스
4위	히타치	히타치	삼성전자	도시바	TI	퀄컴	마이크론	마이크론
5위	인텔	모토로라	NEC	ST	르네사스	마이크론	퀄컴	퀄컴
6위	후지쯔	삼성전자	ST	인피니언	하이닉스	TI	브로드컴	브로드컴
7위	TI	TI	모토로라	르네사스	ST	NXP	TI	미디어텍
8위	미쓰비시 전기	후지쯔	인피니언	NEC	마이크론	도시바	미디어텍	TI
9위	마쓰시타 전기산업	미쓰비시 전기	필립스	필립스	퀄컴	브로드컴	엔비디아	엔비디아
10위	필립스	현대	마이크론	프리 스케일	브로드컴	아바고	키오시아	AMD

저자 주: TI(Texas Instruments), ST(ST마이크로일렉트로닉스), AMD(Advanced Micro Devices) 회사명은 당시의 이름

출처: 가트너와 WSTS*의 데이터를 토대로 저자 작성

는 일본의 반도체 기업은 소니뿐이다. 키오시아, 르네사스일렉트로닉스
두 회사는 반도체의 설계, 제조, 후공정을 한 회사에서 담당하는 IDM

---

* https://www.wsts.org

방식의 기업이다. 이러한 기업에서 생산되는 반도체의 생산량은 적지 않으며, 소니, 키오시아, 르네사스일렉트로닉스, 세 회사가 점유하고 있는 생산액만 해도 일본 전체 생산액의 절반가량으로 약 3조~4조 엔의 매출을 기록했다. 일본에는 아사히카세이일렉트로닉스, 세이코엡손, 로옴, 닛신보마이크로디바이스, 샤프와 같이 세계적으로 인정받는 제품의 반도체 기업이 많이 존재하기에, 일본 반도체 기업이 여전히 무력하지 않다는 점은 확실하다.

앞의 기업들 외에도 자동차 업계의 최고 수요자 토요타 그룹의 중핵 기업인 덴소는, 1960년대 후반부터 자동차용 반도체를 중심으로 개발에 힘을 쏟고 있다. 덴소는 2020년 매출액이 3,200억 엔에 달했고, 2025년까지 매출 5,000억 엔 달성을 목표로 내세우고 있다. 덴소는 외부 기업에는 반도체를 판매하지 않고, 토요타자동차에만 자동차용 기기의 일부로써 납품하고 있기 때문에 외부에서 주목받기 어려운 면이 있지만, 연구 개발과 기술력이 뛰어난 기업이라는 점은 잘 알 수 있다. 이렇듯 여러 기업이 선전하고 있지만, 향후 일본에서 유력한 파운드리 기업이 나오기는 어렵다고 생각한다.

일본은 지금도 반도체 재료와 반도체 제조 장치에서는 높은 점유율을 보인다. 예를 들어, 반도체 재료인 실리콘 웨이퍼의 경우, 신에쓰화학공업과 SUMCO를 포함한 일본 제조사들이 세계 시장의 62%를 점유

일본 내 주요 기업의 취급 반도체 제조 장치

		디스코	알박	일본전자재료	아드반테스트	일본마이크로닉스	동경정밀	니콘	SCREEN홀딩스	캐논	도쿄일렉트론	이노텍
노광 장치					○			○		○		
코터·디벨로퍼									○		○	
식각 장치											○	
웨이퍼 세정 장치			○						○		○	
열처리 장치									○		○	
CVD 장치											○	
스퍼터링 장치			○							○	○	
테스터	메모리 테스터				○	○					○	○
	비메모리 테스터				○	○						
웨이퍼 프로버							○				○	
다이서		○					○					
그라인더(스트레스 릴리프)		○					○					
프로브 카드				○		○						

출처: 노무라증권, '반도체 제조 장치 내비게이션'을 토대로 저자 작성

---

*   https://fintos.jp/page/14173

세계 전체의 반도체 제조 장치 기업 매출 순위(2020년)

순위	나라명	기업명	매출 (100만 달러)
1	미국	어플라이드머티리얼즈	12,079
2	네덜란드	ASML	11,758
3	미국	램리서치	9,722
4	일본	도쿄일렉트론	8,711
5	미국	KLA	4,186
6	일본	SCREEN 홀딩스	1,677
7	한국	SEMES	1,395
8	일본	히타치하이테크	1,213
9	미국	ASM인터내셔널	1,198
10	일본	KOKUSAIELECTRIC	1,046
11	일본	니콘	947
12	일본	다이후쿠	924
13	일본	캐논	673
14	일본	무라타기계	642
15	일본	에바라제작소	525
16	한국	WONIK IPS	494
17	미국	온투이노베이션	445
18	일본	동경정밀	432
19	일본	레이저텍	403
20	일본	뉴플레어테크놀로지	384

저자 주: 각 회사의 반도체 제조 장치의 매출만 집계

출처: 노무라증권, '반도체 제조 장치 내비게이션'을 토대로 저자 작성

하고 있다. 그리고 포토마스크는 돗판인쇄와 동일본인쇄가 20% 정도를 점유, 포토레지스트는 도쿄응화공업과 JSR 등 다수의 일본 기업이 91%를 점유하고 있다. 반도체 제조 장치에서는 예를 들어, 웨이퍼 세정 장치의 경우, 전세정에서는 SCREEN 홀딩스를 비롯한 일본 기업이 약 90%, 후세정에서는 일본 기업이 70%에 가깝게 점유하고 있다. 여기에 코터·디벨로퍼는 도쿄일렉트론을 비롯한 일본 기업이 92%나 차지하고

있다.

또한 일본 기업은 반도체 기판이나 후공정 장치 분야에서도 높은 시장 점유율을 보이며 세계 정상을 달리고 있다. 반도체 기판 제조사 중에는 이비덴과 신코전기공업이 CPU용 패키지 기판 시장에서 특히 강한 면모를 보이고 있는데, 이 회사들이 없으면 서버용 프로세서를 제조할 수 없다고 말할 정도다. 후공정 장치의 테스터 분야에서는 일본 기업이 과반수를 점유하고 있고, 다이서(실리콘 웨이퍼를 자를 때 사용하는 장치)의 경우에는 무려 90%에 가깝게 시장을 거의 독점하고 있다.

물론 비활성 기체와 산화용 피막, 노광장치와 일부 검사 장비 등, 다른 나라가 압도적으로 높게 점유하고 있는 재료와 장치도 있다. 다만, 적어도 재료 분야나 제조 장치 분야에서는 '일본 기업은 이제 끝났다'는 말처럼 절망적인 상황이 아니며, 여전히 반도체 업계에 강한 영향력을 가지고 있다고 정리할 수 있다.

그리고 마지막 포인트는 일본 내외 기업을 포함한 다수의 반도체 공장이 일본에 아직 많이 존재한다는 점이다. 물론 최첨단 공정을 도입한 반도체 공장은 없지만, 기존의 공정을 적용한 반도체 공장은 다수 존재한다. 키오시아, 소니와 같은 일본의 반도체 제조사뿐 아니라, 해외 반도체 제조사의 공장이 일본 각지에 존재한다. 반도체의 제조에는 깨끗한 공기와 물이 필요하므로, 일본은 반도체를 제조하기에 비교적 좋은

반도체 제조 장치의 점유율 - 전공정

■ 2020년 전공정 장치의 세계 시장 점유율(%)

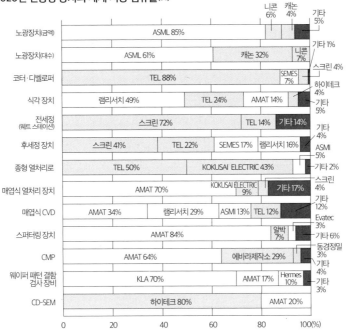

■ 2020년 시장 규모 (100만 달러)

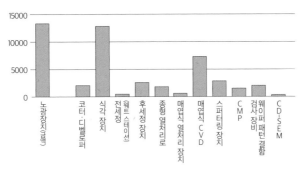

저자 주: TEL = 도쿄일렉트론, 하이테크 = 히타치하이테크,
스크린 - SCREEN 홀딩스, AMAT - 어플라이드 머티리얼즈

출처: 노무라증권, '반도체 제조 장치 내비게이션'을 토대로 저자 작성

반도체 제조 장치의 점유율 - 후공정

■ 2020년 후공정 장치의 세계 시장 점유율(%)

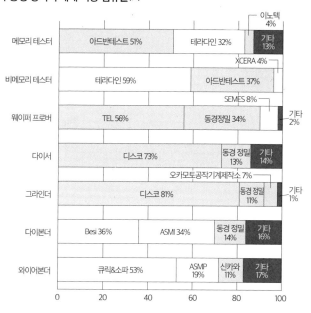

■ 2020년 시장 규모(100만 달러)

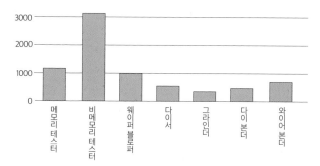

저자 주: TEL = 도쿄일렉트론

출처: 노무라증권, '반도체 제조 장치 내비게이션'을 토대로 저자 작성

일본의 주요 반도체 공장(전공정)

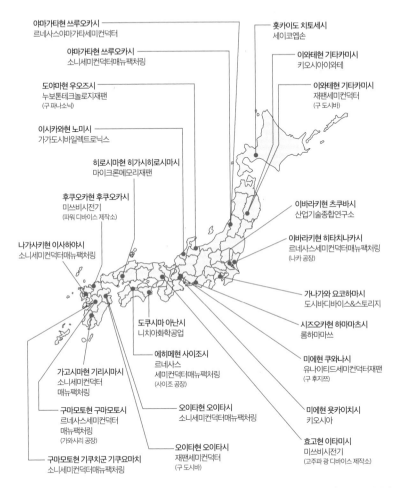

야마가타현 쓰루오카시
르네사스야마가타세미컨덕터

야마가타현 쓰루오카시
소니세미컨덕터매뉴팩처링

도야마현 우오즈시
누보톤테크놀로지재팬
(구 파나소닉)

이시카와현 노미시
가가도시바일렉트로닉스

히로시마현 히가시히로시마시
마이크론메모리재팬

후쿠오카현 후쿠오카시
미쓰비시전기
(파워 디바이스 제작소)

나가사키현 이사하야시
소니세미컨덕터매뉴팩처링

홋카이도 치토세시
세이코엡손

이와테현 기타카미시
키오시아이와테

이와테현 기타카미시
재팬세미컨덕터
(구 도시바)

이바라키현 츠쿠바시
산업기술종합연구소

이바라키현 히타치나카시
르네사스세미컨덕터매뉴팩처링
(나카 공장)

가나가와 요코하마시
도시바디바이스&스토리지

시즈오카현 하마마츠시
롬하마마쓰

미에현 쿠와나시
유나이티드세미컨덕터재팬
(구 후지쯔)

미에현 욧카이치시
키오시아

효고현 이타미시
미쓰비시전기
(고주파 광 디바이스 제작소)

가고시마현 기리시마시
소니세미컨덕터
매뉴팩처링

구마모토현 구마모토시
르네사스세미컨덕터
매뉴팩처링
(가와시리 공장)

구마모토현 기쿠치군 기쿠요마치
소니세미컨덕터매뉴팩처링

도쿠시마현 아난시
니치아화학공업

에히메현 사이조시
르네사스
세미컨덕터매뉴팩처링
(사이조 공장)

오이타현 오이타시
소니세미컨덕터매뉴팩처링

오이타현 오이타시
재팬세미컨덕터
(구 도시바)

출처: <상업 시설 신문> 2364호(2020년 9월 29일)˚을 토대로 저자 작성

---

* https://www.sangyo-times.jp

조건을 갖추고 있다. 적어도 2022년 현재와, 앞으로 5년에서 10년 사이에는 일본에서도 반도체 제조가 활발해질 것으로 보인다. 세 번째 포인트 측면에서 보면 세계 시장에서 일본이 특별히 뒤처지고 있지는 않다고 생각한다.

이 세 가지 외에도, 일본의 반도체 산업 경쟁력은 ISSCC(International Solid-State Circuits Conference)라는 반도체 관련 국제 학회에서 채택되는 논문의 수가 적어 쇠퇴하고 있다는 관점도 있다. 실제로 2022년에 채택된 논문은 미국이 69건, 한국이 41건, 중국이 30건, 대만이 15건이었던 것에 비해 일본은 겨우 7건뿐이었다. 일본의 논문이 국제 학회에서 채택되는 건수가 적고, 2015년 이후 계속 줄어드는 경향이 있어 어찌 보면 일본의 연구 개발력이 떨어졌다고 판단하게 되는 것도 사실이다.

그러나 일본의 반도체 산업이 세계를 석권했던 1980년대부터 1990년대 초반도 일본의 논문 채택 건수가 특별히 많았던 것은 아니다. 아시아권 중에는 일본의 논문 채택 수가 가장 많기는 했으나 당시 가장 많은 논문이 채택된 나라는 미국이었으며, 네덜란드와 독일 등이 그 뒤를 바짝 추격하고 있었다. 즉, 일본의 경쟁력이 심각하게 떨어졌다기보다는 한국이나 중국을 비롯한 아시아권 나라의 논문 채택 건수가 늘었다고 하는 편이 정확한 표현일 것이다.

이러한 상황 속에서 TSMC의 신규 반도체 공장이 일본 구마모토현에 들어서게 된 일을 어떻게 해석할 것인지 의견이 분분하다.

실제로 구마모토현에 유치한 공장이 비교적 새로운 세대의 반도체 제조 기술을 채택한 것은 사실이지만, 최첨단 반도체 제조 기술을 도입한 것은 아니다. 그렇다면 굳이 공장을 유치할 이유가 있었을까 하는 우려의 목소리도 있다. 왜냐하면 차세대 반도체를 개발하기 위해서는 현시점을 기준으로 최첨단 반도체를 제조하는 데 필요한 노하우를 갖추어야 하기 때문이다. 예를 들어, 현재 최첨단 기술이라 할 수 있는 반도체 가공의 최소 선폭이 4nm인 경우, 차세대 가공 기술인 2nm 선폭의 반도체를 개발하기 위해서는 4nm의 반도체 제조 기술을 먼저 제대로 알아야 한다. 7nm의 반도체를 만들던 공장에서 갑자기 2nm의 반도체를 개발하겠다고 나설 수는 없는 일이다. 현재 일본에는 최첨단 반도체 제조 기술을 도입한 공장이 없으므로 일본이 다시 세계의 정상에 오르기 위해서는 일본 내에 최첨단 공장이 먼저 들어서야 한다.

일본은 세계 정상의 자리를 탈환할 기회를 눈앞에서 놓치고 있다. 이대로라면 일본 반도체가 세계 시장에서 더욱 뒤처질 것으로 전망하는 사람들의 의견도 이해 못 할 일은 아니다. 이에, 일본 정부도 향후 최첨단 제조 공장을 유치하기 위한 방안을 적극 검토 중이다. 실제로 구마모토현의 TSMC 공장에 16nm나 12nm 제조 공정이 추가된다. 그동안 일본이 강한 면모를 보였던 제조 장치와 재료 기술 분야에서의 노하우를 살려 현재 최첨단 기술인 2nm 반도체의 다음 주자, 즉 차세대 하이엔드 제조 공정의 도입을 노리는 것으로 분석한다.

지금까지 살펴본 내용을 바탕으로 일본이 세계 시장에서 뒤처지고 있다는 우려에 관해 정리해 보자. 여기서 중요한 점은 전체 반도체 시장을 놓고 보았을 때, 최첨단 제조 장치에서 만드는 반도체가 차지하고 있는 비율은 지극히 일부에 불과하다는 것이다. 실제로 반도체 업계에서는 최첨단이 아닌 반도체 기술을 적용한 반도체의 수요가 더 크다. 즉, 구마모토현에 새로 들어선 공장에서 만들어지는 반도체는 '지금 시대에 필요한 반도체'인 것이다.

일례로, 자동차에 적용되는 반도체는 최첨단 기술이 아니라 오히려 조금 이전 세대의 제조 기술을 사용한 반도체를 선호하는 경향이 있다. 왜냐하면 반도체의 크기가 조금 크더라도 오랜 기간 사용되어 신뢰할 수 있는 반도체가 필요하기 때문이다. 즉, 자동차 부품으로서의 반도체는 구마모토현의 TSMC 공장에서 제조되는 반도체처럼, 이전 세대의 제조 기술로 만들어진 신뢰할 수 있는 반도체가 적합한 것이다. 또한 반도체는 설비 투자를 위해서 막대한 자금이 필요하다. 따라서 아직 리스크가 있는 최첨단 반도체를 만드는 데 투자하기보다 매출이 보장되는 반도체를 생산하는 공장을 짓는 편을 선택한 것으로 보인다.

일본이 세계 반도체 시장을 주도하던 때는 최첨단 기술로 만든 반도체가 가장 잘 팔리는 시대였다. 최첨단 제조 기술로 만든 반도체를 적용한 고성능의 새로운 전자제품이 출시되고, 그 제품이 폭발적으로 판매되면서 반도체 판매량도 비약적으로 증가한 시대였다. 이러한 배경이 바탕이 되어, 일본에는 최첨단 제조 기술이 적용된 반도체를 만들면 세계 시장에서의 점유율을 되찾을 수 있다고 생각하는 사람이 지금도 적지 않다. 그러나 지금은 시대가 달라져 전체 반도체 시장에서 최첨단 반도체가 차지하는 비율이 높지 않다. 물론 그러한 반도체가 새로운 제품이나 또 다른 가치관을 만들어 낼 가능성은 여전히 남아 있지만, 꼭 최첨단 제조 기술이 아니더라도 현재 시점에 가장 수요가 많은, 많이 팔리는 반도체를 꾸준히 만듦으로써 반도체 시장에서의 존재감을 드러내는 것도 전략 중 하나로 볼 수 있다. 이것이 구마모토현에 새로 유치한 TSMC 공장이 최첨단 제조 기술이 아니어도 '일본이 뒤처지고 있는 것이 아니다'라고 반론이 가능한 이유다.

결론적으로 일본 반도체가 세계 시장에서 뒤처지고 있다는 우려의 목소리에 관한 답을 하자면, 뒤처진 부분도 있지만 과거의 영광까지는 아니더라도 반도체 시장에서 완전히 도태되지 않을 가능성은 충분히 남아 있다고 답하겠다. 반도체를 둘러싼 전체적인 상황을 보지 않고 단순히 '뒤처졌다', '뒤처지지 않았다'라고 결론짓는 것은 조금 성급한 판단이라고 생각한다.

일본의 전자 부품 제조사와 반도체

전자제품은 반도체로만 만들 수 있는 것이 아니다. 반도체에 전자 부품을 조합함으로써 완성된다. 전자 부품은 크게 수동 부품과 기구 부품으로 구분할 수 있다. 수동 부품으로는 콘덴서, 유도자, 저항기 등이 있고, 기구 부품으로는 커넥터, 스위치, 기판 등을 들 수 있다. 반도체에 전자 부품을 조합함으로써 다양한 전기·전자 회로가 만들어지고 여러 단계를 거쳐 비로소 전자제품이 탄생하는 것이다.

반도체 시장에서는 일본 기업들이 해외 기업들에 뒤처지는 모습을 보이고 있지만, 전자 부품 시장에서는 일본 기업들이 상당히 선전하고 있다. 특히 수동 부품 분야에서는 일본 기업의 시장 점유율이 높다. 개인용 컴퓨터나 스마트폰 등에 사용되는 적층 세라믹 콘덴서 분야는 일본 기업인 무라타제작소와 TDK, 다이요유덴 이 세 회사의 합산 시장 점유율이 50%를 넘는다. 특히 뛰어난 성능이나 신뢰가 요구되는 자동차용 반도체는 일본 제조사가 대부분을 공급하고 있다.

앞으로는 전자제품 제조사가 반도체 시장에서도 존재감을 높여 갈 가능성이 크다. 현재 전자제품 제조사들은 자체 개발한 전자 부품에 외부 반도체 제조사에서 구입한 반도체를 조합해서 무선 통신 모듈이나 IoT 센서 모듈, 전원 모듈 등을 만들어 판매하고 있다. 이렇게 작고 성능이 뛰어난 모듈을 제조하기 위해서는 높은 기술력이 필요하다. 모든 전자제품 제조사가 설계와 제조를 모두 잘하지는 않는다. 즉, 많은 전자제품 제조사에서 실현하기 어려워하는 부분을 전자 부품 제조사가 도와주고 있는 것이다.

실제로 일부 전자 부품 제조사는 이미 반도체 사업에 뛰어들었다. 그중 하나가 무라타제작소다. 무라타제작소는 2014년에 무선 통신 기기용 반도체를 제조하는 미국의 페레그린세미컨덕터(현 피세미)를 인수하고, 2017년에는 전원용 반도체를 제조하는 미국의 아크틱샌드테크놀로지를 인수했다. TDK는 2015년에 센서 칩을 제조하는 스위스의 미크로나스세미컨덕터를, 2016년에는 센서 칩을 제조하는 미국의 인벤센스를, 2018년에는 전원용 반도체를 설계하는 미국의 패러데이세미를 산하 기업으로 인수했다. '일본의 전자 부품 제조사가 높은 기술력으로 각종 모듈 사업을 확장하는 과정에서 모듈에 탑재할 반도체를 설계·제조할 각종 반도체 제조사를 인수했고, 어느샌가 거대한 매출을 자랑하는 반도체 제조사로 탈바꿈하게 된다.' 이러한 스토리가 그렇게 터무니없는 이야기만은 아닐 것이다.

세계 각국의 반도체 전략

반도체 시장에서는 거액이 움직인다. 이제 반도체는 우리의 생활에서 빠질 수 없는 소비재이며, 한 번 공급이 부족해지면 자동차나 전자제품 업계가 크게 영향을 받을 뿐 아니라 의료와 인프라같이 우리 생활과 밀접한 관련이 있는 분야에서도 안전을 위협할 가능성이 있다. 그래서 반도체 산업에 몸담은 나라들은 자국의 반도체 산업을 지키고 성장시키기 위해 정책이나 보조금을 다양하게 지원하고 있다.

미국은 현재 반도체 제조 공장을 유치하는 데 힘을 쏟고 있다. 미국에는 매출이 증가하고 있는 팹리스 기업이 다수 있고, 이 기업들의 반도체 설계도 미국 기업이 담당한다. 그러나 반도체 제조 분야에서는 현재 대만과 한국, 중국 등의 기업이 급성장하고 있어, 세계 시장에서 미국이 차지하고 있는 비중이 점차 적어지는 경향을 보인다. 그래서 미국은 자국 내에서 더 많은 반도체를 제조할 수 있도록, 인텔의 새로운 공장을 미국 내에 건설하거나, 삼성전자 공장을 미국 내로 유치하는 등 적극적으로 정책을 펼치고 있다. 미국 정부는 2020년에 'CHIPS(Creating Helpful Incentives to Produce Semiconductors) 법안'을 만들었고 1년이 넘는 긴 논의의 끝에 2022년 7월에 이 법안이 승인되었다. 이 법안에 따라, 앞으로 7조 엔 규모의 반도체 산업 투자가 이루어질 예정이며, 미국은 반도체 제조를 자국에서 할 수 있도록 체제를 강화하고 있다.

또한 미국에는 안전 보장의 관점에서 특히 일본과 반도체에서 유대를 강화하려는 움직임이 있다. 원래 미국은 일본을 비롯해 대만, 한국 등과 연대해 중국에 대한 방위 체제를 강화하려는 방침이었다. 그러나 현재 대만과 중국의 관계가 위태롭고, 한국은 북한과 인접해 있으므로 중국 쪽에 포섭당할 가능성도 부정할 수는 없다. 그래서 미국은 일본과의 관계를 안정시키려는 기조를 굳건히 하고 있다.

한편, 유럽은 미국과 같은 정책을 펼치며 EU권 내에서 반도체 제조를 강화하려 하고 있다. 2022년 2월에 유럽 반도체 법안이 제안되었는데, 2030년까지 EU권 내에서 차세대 반도체의 세계 시장 점유율을 20% 이상으로 유지하는 것을 목표로 정했다. 또한 로직 반도체나 양자 컴퓨터(양자 역학의 이론을 응용해 압도적인 고속 처리를 실현한 컴퓨터)의 개발·제조를 위해 약 17조 5,000억 엔, 그중에서도 반도체 생산에 5.7조 엔 규모의 투자를 결정하는 등, 차세대 반도체의 패권을 손에 넣기 위한 정책 구상에 힘을 쏟고 있다.

반도체 산업과 관련해 나라에서 가장 대대적인 지원을 하는 곳은 중국이다. 보조금을 기반으로 한 반도체 기업이 연이어 탄생하며 세계 시장 점유율도 순조롭게 늘리고 있다. 중국의 경우, '중국 제조 2025' 산업 정책에 따라 2025년까지 자국 내에서 사용하는 반도체의 70%를 국산화한다는 목표를 내세우고 있고, 총 15조 7,500억 엔의 자금을 투자할 계획이라고 한다. SEMI의 반도체 제조 장치 시장 예측에 따르면, 중국의 반도체 제조 장치 시장은 187억 3,400만 달러로, 5년 동안 4배 성장했다. 중국은 자국 내에서의 반도체 수요가 계속 늘고 있고, 새로운 애플리케이션 개발도 활발하게 이루어지고 있어, 많이 사용하는 반도체를 대량으로 생산하는 전략을 취하고 있다. 다만, 제조 장치의 구입 비용은 늘고 있지만, 그것을 완벽히 사용하는 기술이 아직 확립되지 않았다는 문제가 있다. 그러나 이런 점도 몇 년 뒤에는 다른 나라를 따라잡을 수 있을 것으로 예상한다.

반면에 중국의 경우는 미·중 무역 마찰 문제를 안고 있는데, 미국에서는 안보상의 이유로 통신 기기 제조 대기업인 화웨이를 퇴출시키려는 정책을 검토하고 있다. 어떤 산업이나 모두 마찬가지지만, 무역 마찰로 인해 수출이 제한되는 것은 업계에 크나큰 피해이므로, 향후 반도체 시장에서의 미국과 중국의 관계는 주목할 만하다.

한국 또한 대규모 보조금 사업을 펼치고 있다. 그동안 삼성전자와 SK하이닉스 등 거대한 반도체 제조사를 육성하기 위해 노력해 왔다. 특히 한국은 메모리 분야에서 타의 추종을 불허하는 압도적인 점유율을 자랑하며, 전 세계의 반도체 메모리 시장의 56.9%를 차지하고 있다(Omdia 2021). 한국은 2030년까지 세계 최대, 최첨단 반도체 공급망 K-

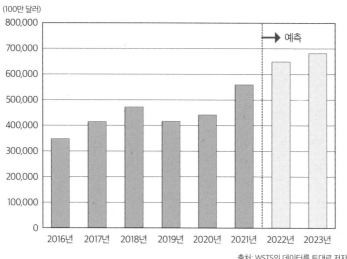

출처: WSTS의 데이터를 토대로 저자 작성

반도체 벨트 구축을 목표로, 이를 실현하기 위해 삼성전자 등의 기업에 투자를 계획하고 있다. 한국의 정책 중 특징적인 부분은, 민간 투자를 독려하기 위해 투자자의 세금 공제나 교육 지원 등을 적극적으로 지원해 준다는 점이다. 정부만 산업 후원에 힘을 쏟는 것이 아니라, 국민 전체를 반도체 산업 부흥에 참여시키겠다는 방침으로 해석된다.

이렇게 많은 나라가 반도체 산업을 후원하는 가운데, 물론 일본에서도 다양한 정책이나 새로운 법안을 제안하고 있다. 2020년부터 반도체를 중심으로 공급망을 일본으로 옮겨오기 위해 일본 내 산업에 투자하는 사업가들에게 보조금을 지급했다. 그 외에도 재해에 대비하거나 탄소 중립을 실현하기 위해 반도체 제조 설비를 쇄신하는 사업에 관한 보조금도 마련되어 있다.

또한 일본의 반도체 제조 장치 제조사나 연구 기관, 대학과 연계해 최첨단 3D 집적회로가 들어간 제품의 연구 개발에 착수하는 것을 목표로 2021년 3월에 TSMC 재팬 3D 집적회로 연구 개발 센터가 이바라키현 쓰쿠바시의 산업 기술 종합 연구소 쓰쿠바 센터 안에 설립되었다. 이 센터에서 일본의 반도체 제조 장치 제조사와 TSMC가 공동으로 2D와 3D 패키징 기술을 연구함으로써, 새로운 글로벌 혁신의 발원지가 되기를 기대하고 있다. 일본은 이전부터 반도체와 그 외 분야에서 높은 설계 능력을 보였다. 젊은 세대의 교육 수준도 절대 낮지 않고, 앞으로 뛰어난 능력을 갖춘 인재가 배출될 가능성도 충분히 존재한다. 그래서 앞으로 일본에서 뛰어난 설계 실력을 발휘하는 반도체 팹리스 벤처 기업이 탄생하리라는 기대도 여전히 남아 있다.

나아가 일본이 현재 주력 분야로 삼고 있는 전력 반도체는 앞으로 산업 기기나 에너지, 환경 분야에서 수요가 더욱 늘어날 전망이다.

Column ④

실리콘이라는 아성에 도전한 GaAs

반도체 하면 실리콘, 실리콘 하면 반도체를 떠올리는 사람이 많을 것이다. 분명 현재 시장에서 구할 수 있는 마이크로프로세서와 메모리, GPU 등은 모두 실리콘을 재료로 만들어졌다. 물론 SiC(탄화규소)나 GaN(질화갈륨)을 재료로 한 반도체도 존재하지만, 이 재료들로 만들어진 반도체의 용도는 전력 반도체, 광반도체, 고주파(RF) 반도체 등으로 한정되어 있는 것이 현실이다.

실리콘은 아성이라 불릴 만큼 반도체 재료로서 압도적인 강세를 보인다. 그러나 과거 이 아성에 도전한 반도체 재료가 있었다. 그것은 바로 GaAs(비소화 갈륨)이다. 현재 GaAs 반도체는 위성 방송용 RF 반도체나 우주용 태양전지, 의료기기용 반도체 레이저 등에서 활용되고 있다.

1966년, 전 세계에서 처음으로 GaAs 트랜지스터의 시험 생산이 이루어진 이래로, GaAs 반도체는 꾸준히 개발되며 긴 역사를 만들어왔다. 당시에도 GaAs의 재료 특성은 이미 밝혀져 있었고, 고속 동작에 빼놓을 수 없는 재료 특성인 전자 이동도가 실리콘보다 5배나 높아 매우 큰 기대를 모았다.

처음에는 높은 전자 이동도를 살려 RF 반도체 개발이 진행되었다. 1970년대부터 1980년대까지 마이크로파 통신이나 위성 통신, 위성 방송 등의 용도로 GaAs 반도체를 채택하는 비율이 늘어났고, 비교적 큰 시장 규모를 형성하는 데에 성공했다. 한편, 실리콘 반도체는 범용 컴퓨터나 개인용 컴퓨터 등에 사용하기 위한 마이크로프로세서나 메모리 등의 디지털 LSI / IC 분야에서 더 큰 규모의 시장을 형성했다.

1980년대에 들어서면서 일부 GaAs 반도체 제조사는 실리콘의 아성에 도전하기 위해 출항에 나섰다. 실제로 GaAs 반도체 제조사의 일부 기술자들은 '언젠가 GaAs가 실리콘을 대체할 것이다'라고 호언장담했다고 한다. 실적도 서서히 늘기 시작했다. 1980년대 말에는 디지털 IC용 GaAs 게이트 어레이가 상용화되었다. 니아가 1990

190

년대에 들어서자, 미국의 클레이컴퓨터가 GaAs 디지털 LSI를 채택한 슈퍼컴퓨터 'Cray-3'을 개발한다. 이 GaAs 디지털 LSI는 미국의 기가비트로직이 제조했다. 그리고 1992년에는 일본에서 후지쯔가 2만 5천 게이트의 GaAs 디지털 LSI를 탑재한 슈퍼 컴퓨터 'VPP500'을 발표한다. 이러한 성장세를 바탕으로 GaAs 반도체가 디지털 IC / LSI 분야에서도 커다란 영향력을 얻을 것이라는 의견이 중론이었다.

그러나 GaAs의 기세는 급격히 약해졌다. 가장 큰 이유로는 실리콘 반도체에 투입된 연구 개발 자금과 압도적인 인재의 숫자에 대적할 수 없었던 점을 꼽는다. 물론 그 뒤에도 GaAs 반도체는 계속 개발이 진행되었고, 위성 방송용 RF 반도체나 우주용 태양전지, 의료기기용 반도체 레이저 등의 시장에서 확고한 입지를 다졌다. 하지만 '실리콘을 대체할 재료'라는 일부 개발자들의 꿈은 이루어지지 못했다. GaAs의 꿈은 이루어지지 못했지만, 반도체의 재료뿐 아니라 반도체 분야에 몸담은 기술자들의 다양한 도전이 있었기에 신기술과 응용 기술이 진화해 온 것만큼은 분명하다.

제 5 장

지칠 줄 모르는
반도체의 진화와
기업의 미래

반도체 시장 1조 달러 시대

반도체는 2030년까지 1조 달러 시장으로 성장한다고 예측한다. 시장을 예측하는 데 중요한 사항으로는 다음 세 가지를 들 수 있다.

- 반도체 시장은 어느 정도 호황과 불황의 사이클이 존재하더라도 꾸준히 성장할 것이다.
- 반도체를 사용하는 전자제품과 응용 기기의 분야와 종류는 계속해서 늘고 있다.
- 제조사마다 사업의 기복은 있을 수 있지만, 업계 구조 자체에 큰 변화는 없다. 공급망의 취약점은 과제로 남아 있다.

반도체는 앞으로 이전보다 더 넓은 분야에서 수요가 확대될 전망이다. 예를 들어, 이전에는 냉장고 같은 제품에는 반도체가 들어가지 않왔다. 그러나 반도체 제어 인버터(직류 전력을 교류 전력으로 변환해 주는 전원 장치)가 탑재된 덕분에 에너지 효율을 높이는 일이 가능해졌다. 냉장실마다 온도 설정을 달리하거나, 아직 온기가 남아 있는 음식을 넣고 그 음식을 중점적으로 식히는 기능 등은 센서로 검출한 신호를 처리하는 마이크로컨트롤러를 탑재함으로써 가능해진 일이다. 이어폰도 전에는 보통 유선을 사용했지만, 반도체 덕분에 블루투스 통신이 탑재되면서 무선이 주류가 되었다.

2015년에는 '애플 워치'가 등장했고, 스마트폰과 연동해서 다채로운 기능을 다양한 생활에서 보조해 주는 스마트 워치가 보급되었다. 스마트 워치는 편리할 뿐 아니라 건강 관리 측면에서도 유용하다는 평이 많아 수요가 점차 늘고 있다. 예를 들어, 'Fitbit'은 매일 수면의 질과 운동량 등을 기록해 줌으로써 건강 상태를 확인할 수 있다. 2009년에 출시되어 2022년 현재까지 세계 약 100개국에서 1억 2,000만 대 이상 판매되었다. 이렇게 기존에는 반도체가 사용되지 않았던 전자제품에 반도체가 사용되면서, 새로운 가치가 더해진 사례가 많다.

현재까지는 아직 널리 보급되지 않았지만, 디스플레이가 있는 스마트 안경이나 손으로 쓴 문자를 자동으로 인식해 디지털로 변환해 주는 전자펜(디지털펜) 등이 이미 판매 중이다. 앞으로 모자, 구두, 집 열쇠, 창문, 유리와 봉투 등 다양한 물품에 반도체가 탑재될 것으로 예상한다.

반도체 업계의 구조는 앞으로 한동안 큰 변화가 없을 것으로 예측된다. 물론 제조사마다 흥망성쇠는 있을 수 있다. 그러나 설계 공정, 전공정, 후공정으로 이루어지는 반도체 제작의 분업 체제나, 매우 많은 종류의 재료와 고도의 제조 장치가 필요하다는 점, 그리고 전 세계에 뻗어 있는 공급망 등의 기본적인 업계 구조가 크게 변하지는 않으리라 생각한다.

그러므로 반도체 시장은 앞으로도 공급망의 취약성을 끌어안은 채 성장을 계속하게 될 것이다. 물론 여러 나라에서 반도체 공급망을 강화하려는 노력을 계속하고 있지만, 반도체 제조 방법이나 제조에 필요한 재료가 바뀌지 않는 이상, 공급망의 취약성을 완전히 보완한 사업 구조를 만들기는 현실적으로 어렵다. 그렇기 때문에 만약 재료 공급처나 반도체 제조 장치 제조사, 반도체 공장 등에 문제가 발생하면 공급망 전체가 심각한 피해를 볼 가능성이 여전히 남아 있다. 각종 사고나 재해, 전쟁 등으로 대규모 반도체 부족이 다시 발생할 위험이 완전히 없어지지는 않는 것이다.

반도체 부족을 일으킬 우려가 있는 요인 중 하나로 미국과 중국의 무역 마찰을 들 수 있다. 반도체 시장에서 현재 강세를 보이는 나라로 대만과 한국, 중국을 꼽을 수 있는데 현재 미국은 그중에서도 중국에 압력을 강화하고 있다. 일례로, 트럼프 정권 시절 미국은 중국을 제재 대상으로 지정했고, 미국의 연구 기관이나 기업이 가지고 있는 지적 재산이 투입된 반도체의 제조 장치와 반도체 설계 소프트웨어 등의 요소 기술을, 제3국이 중국 기업에 수출하지 못하도록 하는 제재를 가했다. 바이든 정권으로 바뀐 지금도 이 제재는 지속되고 있다.

미국이 반도체 무역 분야에서 강세를 유지하는 이유로 반도체가 미국의 연구실에서 처음 발명되었다는 자부심이 있기 때문이라는 해석도 있지만, 사실은 미국이 반도체 업계의 상위 공정에 매우 큰 장악력을 행사하고 있기 때문이라고 해석하는 편이 맞을 것이다. 반도체의 설계에는 EDA(Electronic Design Automation) 도구라는 반도체 설계를 자동화하는 소프트웨어가 사용되는데, 이 소프트웨어는 케이던스디자인시스템즈와 시놉시스와 같은 미국의 기업이 독점적으로 제공하고 있다. 따라서 중국과 미국 사이에 무역 마찰이 커지면 EDA 도구나 반도체 제조 장치의 공급이 멈추어 중국에서 반도체를 생산하지 못하게 될 가능성이 전혀 없지는 않다. 중국도 현재 자국 내에서 EDA 도구를 개발하려고 시도하고 있지만, 현재의 미국 기업과 동등한 수준의 기술 레벨로 상용화하기까지는 조금 더 시간이 필요할 것으로 보인다.

그리고 앞으로 세계의 반도체 정세에 관해 이야기할 때 주목할 만한 또 하나의 포인트는 국가 간 안전 보장의 불안도 상승에 따른 블록 경제화다. 블록 경제화란 많은 나라의 경제가 하나의 경제권을 구성하는 것으로, 1930년대부터 제2차 세계대전 무렵에 나타나기 시작했다. 최근 미·중 무역 마찰과 러시아의 우크라이나 침공 등을 계기로 블록 경제화가 다시 대두되지는 않을지 우려하는 목소리가 늘고 있다. 그리고 반도체는 이러한 영향을 직접적으로 받는다. 실제로 미국은 안전 보장을 이유로 중국 반도체를 퇴출하려 다양한 거래에 제한을 두고 있다. 그리고 미국뿐 아니라 일본에서도 반도체의 공급망을 가능한 자국 안에서 모두 해결하기 위해 움직이고 있다. 실제로 2020년부터 일본에서도 국내 투자 촉진 사업이 이루어져, 반도체나 의료품 등 국민의 안전과 관련된 제품을 중심으로 공급망을 자국 내로 되돌리려 하고 있다.

반도체는 매우 작고 가벼우며 비행기로 수송이 가능하기 때문에, 전 세계를 횡단하는 수평 분업화가 가능하다. 이러한 업계 구조가 가능했던 이유 중 하나가 비교적 안정적이었던 국제 정세다. 물론 국가 내부에서 분쟁이 일어나는 지역도 있고, 미국과 아프가니스탄의 전쟁도 있었다. 그러나 1991년에 냉전이 종결된 이후 약 30년 동안은 전에 없던 자유 무역이 가능한 시대이기도 했다. 2022년 현재 러시아와 우크라이나 사이에 전쟁이 일어난 것처럼, 30년간 계속되어 온 평화로운 정세에 변화가 생긴다면 국경을 넘나드는 수평 분업화가 어려워질 수도 있다. 전쟁은 공급망의 분단과 전쟁 특별 수요라는 두 가지 상반되는 현상을 동시에 만들기 때문이다.

국제 정세와 안전이 반도체 공급에 매우 큰 영향을 미치기 때문에, 앞으로의 반도체 시장을 내다보기 위해서는 세계 정세를 주시해야 할 것이다.

일본 반도체의 미래

앞서 서술한 대로 2030년까지 일본의 반도체 산업이 어떻게 발전할지에 따라, 세계 시장에서 일본이 영향력을 유지할지 못할지가 판가름 날 것이다. 개인적으로는 히노마루 반도체라고 불렸던 과거의 영광을 되찾기는 어려울지라도, 세계 시장에서의 영향력을 유지할 수는 있으리라 생각한다.

이런 상황 속에서 기존의 반도체를 이용한 새로운 전자제품이나 그 반도체를 사용한 서비스나 시스템을 제안해 구현해 가는 것이 하나의 활로가 될 수 있다. 새로운 응용 기기를 만들어 내리라 기대를 모으는 분야로는 자율주행 기능을 탑재한 자동차, 인공지능 로봇, 전력 공급 효율이 더 좋은 인프라나 스마트 시티 등이 있다. 그뿐 아니라 교통체증에서 자유로운 하늘을 나는 자동차(택시), 원격으로도 뛰어난 의사에게 수술을 받을 수 있도록 도와주는 수술 지원 로봇, 지구의 모든 것을 감시하는 위성 콘스텔레이션[*] 등을 꼽을 수 있다.

2022년 현재, 반도체 산업 관련 분야에서 일본이 세계 최첨단을 달리고 있는 분야는 없다. 일본의 경제산업성에서 시행한 조사에 따르면 일본 IT 업계가 보유한 인재의 역량이 세계 평균에 미치지 못한다고는 하지만, 일본에 승산이 전혀 없지는 않다. 많은 사람이 알고 있는 대로 일본은 고령화와 저출생, 노동 인구 감소와 같은 사회 문제, 그리고 지진과 화산, 태풍과 같은 자연재해 등 매우 많은 문제를 안고 있다. 그러나 이런 문제는 일본만의 이야기가 아니다. 세계 각국에서 골머리를 앓고 있는 공통적인 문제도 있다. 즉, 일본에게는 전 세계가 떠안고 있는 문제를 해결할 기회가 있는 것이다. 각국이 직면하고 있는 문제의 대책을 고민하고 개선 시도를 해봄으로써 그 효과를 검증할 기회가 많이 있다고 해석할 수 있다.

예를 들어, 2011년 동일본 대지진 이후, 도호쿠대학과 오사카대학의 연구팀은 지진 발생 직후 쓰나미 피해 여부를 실시간으로 추정할 수 있는 시스템^{**}을 세계 최초로 개발했다. 만약 이 시스템을 일본뿐 아니라

---

* Satellite Constellation: 위성군 또는 군집 위성이라 부른다. 소형 위성 여러 대를 묶어 각종 우주 임무에 투입하는 위성을 가리킨다.
** 지진 발생 후 지진파와 단층의 움직임 등 실제 데이터를 기반으로 슈퍼컴퓨터가 계산을 수행, 실시간으로 쓰나미 발생 여부를 예측하는 시스템. IDeS에서 개발된 TUNAMI(Tohoku University's Numerical Analysis Model for Investigating Tsunami)라는 소프트웨어를 사용한다. 이는 자동화된 시스템으로 진원 추정, 시뮬레이션, 가시화의 단계를 거치며 전체적으로 20분이 채 소요되지 않는다.

쓰나미에 피해를 볼 수 있는 나라들에 수출할 수 있다면 많은 생명을 구하는 데 공헌할 수 있고, 동시에 새로운 시장을 개척하는 계기가 될 수 있다. 이렇게 일본에서 발생하는 재해나 사회 문제를 해결할 도구로써 새로운 응용 기기가 탄생할 가능성은 아직 충분히 남아 있다.

더불어 앞으로 일본 반도체를 다시 부흥시키기 위해서는 인재 육성도 반드시 뒤따라야 한다. 최근에는 반도체를 이용한 AI 분야에서의 기술자 육성에 대한 필요가 크게 주목받고 있는데, 반도체 또한 반도체 제조 공정을 지탱해 줄 이공계 인재가 절실한 분야다.

실제로 1980년대부터 1990년대 초기 반도체의 황금기를 지탱해 준 것이 이공계 대학들이다. 전자 공학이나 물리학, 화학, 금속 공학 등을 바탕으로 한 기술자들이 있었기에 반도체가 적용된 기기나 장치를 개발하고 설계하는 일들이 가능했다. 또한 반도체 제조 장치 분야에는 기계 공학 쪽 인재가, 반도체 제조에 필요한 박막을 연구하는 데는 화학과 물리학계 인재가 필요하다. 일본 반도체가 글로벌 생태계에서 살아남기 위해서는 이러한 이공계 분야의 인재가 절실하다.

그러나 현재 이공계 학과의 인기는 오히려 낮아지는 경향이 있다. 현재 일본에서는 저출생으로 인해 학생 수가 줄어들어 어떤 대학이든 학생을 유치하려 경쟁하고 있으며, 이공계 학과에 진학하는 학생을 확보하는 일은 일본 반도체 업계가 해결해야 할 중요한 과제 중 하나다.

이러한 영향으로 경제산업성은 반도체 인재를 육성하고 확보할 수 있는 체제를 강화할 방침을 발표했다. 2022년 4월 14일에 이루어진 '제5회 반도체·디지털 산업 전략 검토 회의'에서는 산업계, 학계, 정계가 함께 뜻을 모아 인재 육성 컨소시엄을 결성하고, 인재 수요를 정리한 뒤 커리큘럼을 개발할 예정이라고 발표했다. 규슈를 시작으로 전국적인 네트워크를 형성해 반도체 인재를 육성할 기반을 구축할 계획이라고 한다. 국가의 사활을 걸고 반도체 인재를 육성하고 확보하는 데 거국적인 노력을 쏟고 있다고 할 수 있다.

2030년을 대비하는 반도체 업계의 동향

2022년 현재 반도체 시장에서는 미국 외에도 대만과 한국, 중국이 큰 매출을 기록하고 있다. 그리고 개인적으로는 앞으로 2030년까지 중국이 더욱 발전할 것으로 예측한다. 중국은 엄청난 인구와 새로운 애플리케이션의 빠른 전파력을 기반으로, 발전 가능성이 아직 충분하다. 실제로 파운드리 기업 중 매출 상위권에 위치한 SMIC라는 기업도 중국 기업이다.

앞으로 반도체 사용량이 많을 것으로 예상되는 비즈니스 분야 중 하나는 데이터 사업이다. 데이터 사업이란, 다양한 데이터를 모아 AI와 같은 기술을 이용해 분석해서 마케팅이나 새로운 서비스 개발에 활용하는 비즈니스를 의미한다.

예를 들어, 개인이 인근 마트에 주기적으로 방문해 물건을 반복해 구입하는 과정을 통해 그 사람이 자주 구입하는 상품이 어떤 종류인지 데이터를 수집할 수 있다. 수집된 데이터를 분석하면 해당 소비자의 평소 수요와 취향을 알 수 있고, 이러한 분석 결과를 토대로 소비자가 마트에 들어가 카트를 꺼내면 카트에 달린 모니터에 자동으로 맞춤 광고가 나오는 서비스를 제공할 수 있다. 이러한 서비스는 실제로 일본에 도입되어 일부에서 시행되고 있다. 이는 긍정적으로 활용되는 사례이지만, 이러한 방식의 서비스가 미국을 중심으로 한 일부 지역에서는 인권이나 개인 정보 보호 등의 관점에서 문제시될 수 있다.

반면에 중국의 경우에는 애플리케이션의 개발을 정부 관련 기업이 주도하고 있어, 일반 시민들의 반발이 적고 데이터를 모으기 쉬운 사회 시스템이 갖추어져 있다. 이렇게 모아진 데이터를 활용해 새로운 사업을 개발하려면 반도체가 필요하다. 이러한 맥락에서 중국이 앞으로 반도체를 사용한 새로운 애플리케이션의 중심지가 될 것으로 예측한다.

한편, 중국에서 탄생한 데이터 사업용 애플리케이션이 해외로 진출하려 할 때, 인권 의식이 높은 국가들에서는 개인 정보 열람 등 때문에 거부감이 클 수 있고, 이는 사업 확대의 장애물로 작용할 수 있다. 그러나 만약 중국에서 새로운 애플리케이션이 개발되고 수출이 어려운 상황이 되더라도, 중국은 워낙 인적 자원이 풍부하기 때문에 자국내 인구만으로 이익을 충분히 확보할 수 있을 것이다. 나아가 중국 내에서 운용되는 애플리케이션 서비스의 편리함이 전 세계로 알려지면, 세계 시장으로 서비스가 급속도로 전파되며 새로운 이익 창출로 이어질 가능성도 없지 않다.

이러한 이유로 중국은 앞으로 급속도로 성장할 가능성이 높은 나라로 예상한다. 다만, 미국과의 경제 대립이 격화되어 미국 내에서 각종 제재를 할 수 있어, 중국 정부의 반도체 산업 육성 대책이 효과를 거두기 어려운 상황인 점이 성장의 변수로 작용하고 있다.

그렇다면 중국 이외에 앞으로 급속도로 성장해 기존 반도체 강국들을 추월할 수 있는 나라로 또 어디가 있을까. 2022년 현재 시점에서는 인도, 브라질 등이 가능성이 높다고 분석한다.

인도는 중국 다음으로 인구가 많을 뿐 아니라[*], 역량이 뛰어난 소프트웨어 기술자가 많다는 점이 강점으로 꼽힌다. 반도체 회로의 설계, 개발은 IT 소프트웨어 개발과는 다르지만, 앞으로 반도체 회로 설계를 전

---

[*] 2023년 10월 현재 인도의 인구는 14억 2,862만여 명으로 중국(14억 2,567만여 명)보다 인구가 많다.

문으로 하는 기술자가 나올 가능성은 부정할 수 없다. 더불어 실리콘 밸리에서 근무하는 인도계 기술자가 많은 점도 기대 요소로 꼽힌다. 얼마 전 인텔이 인도에 공장을 건설한다는 계획을 발표해 향후 인텔이 어떠한 움직임을 보일지에 관심이 모이고 있다.

인도에 공장을 건설하는 것은 지정학적인 위험에 대응하겠다는 의미도 있다. 지정학적인 위험이란, 지리적인 위치 관계 때문에 특정 지역과 경제적·사회적·군사적인 긴장도가 높아짐에 따라 발생하는 위험을 뜻한다. 대만이 강세를 보인다고 해서 반도체 공장을 대만에만 두기에는 안전 보장에 대한 리스크가 있다고 판단해, 인도 등 다른 나라에 공장을 추가로 건설하는 것이다.

브라질도 인도와 마찬가지로, 미국에서 최신 기술을 배우고 있는 기술자들이 대단히 많다. 브라질에는 이미 EMS 기업이 다수 존재해 브라질 내에도 노하우가 쌓이기 시작했다.

미국이나 유럽에서는 현재 안보에 관한 불안이 높아짐에 따라, 반도체 공장을 자국 내에 유치해 공급망을 강화할 수 있도록 정책적으로 지원하고 있다. 미국이나 유럽은 2030년대를 대비하기 위해 반도체 공장뿐 아니라 반도체 재료 공장도 자국 내에 유치하려 움직이고 있다.

반도체 시장은 지금까지 평화로운 국제 관계가 유지된 덕분에 글로벌 환경 속에서 활발하게 기술을 개발할 수 있었다. 그러나 각종 자연

재해나 전쟁, COVID-19로 인한 공급망 불안을 겪은 관련 국가들에서는 자국 내에서 개발·생산할 수 있는 체제를 정비하고 있다. 이러한 이유로 기존에 연대하고 있던 각 나라의 관계 변화가 향후 반도체 개발에 어떤 영향을 미칠지 주의를 기울여야 한다. 한편, 반도체의 사용량은 여전히 증가 추세이며, 각국이 개발에 투자하는 비용이나 열의가 줄어들 염려는 없다. 만약에 개발 속도가 조금 떨어진다고 해도 2030년은 지나야 그 영향이 드러날 것으로 예측한다.

향후 반도체의 가능성

2030년까지 반도체 기술은 어떻게 진화할까?

가장 먼저 떠오르는 분야는 초미세 반도체에 관한 연구인데, 미세화도 이제 한계에 가까워졌다는 분석들이 나오고 있다. 현재 최첨단 반도체의 프로세스 노드는 2nm로, 이 정도 크기가 되면 직경이 약 0.1nm인 실리콘 원자의 영향을 받기 쉽다. 즉, 앞으로 더 작은 선폭을 구현한다고 해도 실리콘 원자의 영향을 심하게 받기 때문에 상용화하기 어렵다고 분석한다. 이로써 집적도가 주기적으로 높아질 것이라 예언한 무어의 법칙도 이제 한계에 달한 것으로 보는 의견이 많다.

그렇지만 초미세 반도체가 한계점에 부딪혔다 해서 반도체 개발이 이대로 끝나는 것은 아니다. 이미 트랜지스터의 구조는 FinFet 등 입체적인 3차원 구조가 구현되었고, 앞으로 더욱 미세화하기 위한 입체 구조는 여전히 활발히 연구가 진행되고 있다.

예를 들어, 2022년 6월에 삼성전자는 GAA(Gate All Around) 트랜지스터 구조를 적용한 3nm 프로세스 노드의 초기 생산을 개시했다고 발표했다. 앞으로 트랜지스터 구조를 지속해서 연구해 나간다면 1nm 이하의 미세화가 가능해질 수 있다. 또한 반도체를 패키징하는 공정에 관해서는, 다수의 반도체 칩을 겹쳐 성능을 높이거나, 소형화하는 후공정 기술의 개발이 활발히 진행되고 있다.

반도체는 시장이 거대하고 업계에 종사하는 기술자의 수가 매우 많은 분야기 때문에, 앞으로 새로운 아이디어가 탄생할 가능성은 무궁무진하다. 20년 전에는 최소 가공 선폭 90nm가 한계라고 여겼다. 그러나 실제로는 그보다 훨씬 더 세밀한 2nm를 실현했다. 이렇듯이 불가능할 것이라고 여겼던 기술이 이후에 가능해진 사례는 매우 많다.

또한 2022년 현재 일본은 3차원 개발의 연구 측면에서 글로벌 선두를 점하고 있고, 얇게 가공한 반도체 칩을 겹쳐 접속하는 기술도 연구하고 있다.

2022년, 반도체 개발에 관해 'UCIe(Universal Chiplet Interconnect Express)'

고성능화의 열쇠를 쥐고 있는 '3차원 집적'

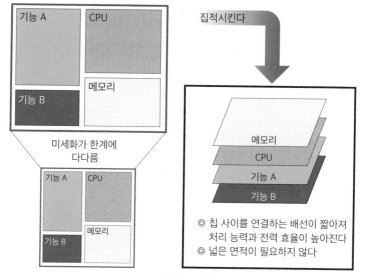

출처: 동양경제, '일본 기업이 세계를 압도 TSMC도 의지하는 반도체 기술'

라는 인터페이스 규격이 수립되었다. 이는 다수의 작은 반도체 칩을 패키지 안에 넣고 그 칩들을 접속하는 인터페이스에 관한 규격이다. 이 규격을 보급하기 위해 인텔과 대만의 ASE, AMD, ARM, 구글, 메타플랫폼즈, 마이크로소프트, 퀄컴, 삼성전자, TSMC가 참여하는 컨소시엄이 결성되었다. 현재 UCIe가 대상으로 하는 것은 2차원 개발이지만, 앞으

---

* https://mikke.g-search.or.jp/QTKW/2022/20220716/QTKW20220716TKW031.html

로 이 규격이 3차원 개발에도 사용될 것이라는 전망은 의심할 여지가 없다.

이렇게 반도체 기술이 순조롭게 진화해 간다면, 지금보다 성능이 뛰어난 반도체는 얼마든지 실현될 수 있다. 나아가 소비 전력 저감이나 소형화, 비용 절감도 동시에 이룰 수 있는 여지가 충분하다. 이에 따라 애플리케이션은 급속도로 전파될 것이다. 현재로는 반도체 응용 기기라고 하면 스마트폰이나 데이터 센터용 서버 등이 먼저 떠오르지만, 앞으로는 전동화나 자율주행이 도입된 자동차나 에지 컴퓨터를 포함하는 6G(제6세대 이동통신시스템)용 인프라 기기, 스마트 전력 인프라 기기, 인더스트리 5.0 산업 기기 등을 다루는 반도체 시장이 급격히 확대될 것으로 전망한다.

남은 과제는 이 매력적인 미래 반도체 시장에서 일본 기업이 어떻게 활약할 수 있는가다. 앞서 이야기한 대로 일본은 반도체 재료나 반도체 제조 장치 분야에 강하다. 그러나 이것만으로는 미국이나 유럽, 중국, 한국, 대만 등 세계의 각국과의 경쟁에서 이겨낼 수 없다.

그렇다면 일본 기업이 세계 시장에서 경쟁력을 갖추기 위해서는 앞으로 어떤 점에 주력해야 할 것인가. 나는 두 가지를 제안하고 싶다. 첫째는 반도체를 설계하는 능력, 둘째는 전자제품을 이용한 새로운 서비스의 창출이다. 일본 기업들이 선전해 주기를 바라는 마음도 있지만,

한편으로는 새싹을 기다리는 마음이 있는 것도 사실이다. 세상을 놀라게 할 아이디어를 가진 기업이 반도체 설계 분야와 전자제품을 이용한 서비스 분야에서 탄생하기를 간절히 기대해 본다.

우리의 일상을 바꿀 반도체

앞으로 우리들의 생활은 반도체를 사용한 전자 제품이 늘어남과 동시에 반도체 사용량이 증가함에 따라 더욱 편리해질 것이다.

우리는 이미 반도체의 수혜를 충분히 누리고 있다. 최근에 반도체 덕분에 생활이 편리해진 예를 살펴보자면, 가정에서 사용하는 IoT 서비스를 들 수 있다. 현관문을 잠그지 않고 외출할 경우 문에 내장된 반도체를 통해 스마트폰에 자동으로 알림을 주는 시스템, 에어컨 스위치를 일일이 켜지 않아도 에어컨의 센서가 자동으로 방의 온도나 사람의 존재를 감지해 작동하는 시스템 등은 모두 반도체가 있음으로써 가능한 서비스다. 이러한 시스템 모두 이미 상용화되어 보급이 시작되었다. 기존에는 시간을 알려주는 기능밖에 없었던 손목시계도 다양한 반도체가 탑재됨으로써 스마트 워치로 진화했다. 최신 스마트 워치는 시간 표시는 물론, 문자 수신을 알려주거나 착용자의 심박수나 운동량을 측정해서 표시해 주는 기능까지 포함하고 있다. 반도체 덕분에 우리의 건강까지 증진된다고 말해도 지나치지 않을 것이다.

그렇다면 반도체는 앞으로 우리 생활을 얼마나 더 편리하게 바꿀 수 있을까. 교통 시스템을 예로 들어 보자면, 자율주행이 널리 보급될 것으로 예상한다. 지하철이나 자동차 등에 자율주행이 적용되면 안전성이 향상될 뿐 아니라 수송 효율도 높아질 것으로 기대한다. 2030년에는 자율주행 시스템이 적용된 승용차나 버스, 트럭 등이 도로 위를 달리고 있을 수 있다. 또한 자율주행 트럭과 창고 관리를 연계시키면 인터넷 쇼핑몰의 발송, 배송 업무가 지금보다 더욱 효율화될 것임이 틀림없다. 그에 따라 무인 창고나 발송 센터가 늘어날 것이다.

그리고 가장 많이 진화할 가능성이 있는 것은 단연 스마트폰이다. 스마트폰의 등장으로 우리는 언제 어디서나 정보를 열람할 수 있게 되었다. 이에 그치지 않고 앞으로는 우리가 의식적으로 정보를 열람하기 전에 정보가 자동으로 우리에게 찾아올 것이다. 예를 들어, 여행을 떠나는 상황을 가정해 보자. 지금은 출발하기 전에 목적지 주변의 관광 명소나 유명한 음식점 등의 정보를 검색해 두는 사람이 대부분이다. 그러나 앞으로는 스마트폰 사용자가 주거지를 벗어나면 스마트폰이 자동으로 '여행을 떠났다'라고 판단해, 이동이 멈추면 해당 주변 지역의 정보를 알아서 전달해 줄 것이다.

더 먼 미래에는 스마트폰이 더욱 진화할 것으로 예상한다. 배터리나 카메라 등 기술적인 문제가 해결된다면, 비교적 빠른 시기에 '손에 쥐는 스마트폰'이 아닌 '착용하는 스마트폰'으로 진화할 가능성이 있다. 예를 들어, 안경이나 콘택트렌즈에 무선 이어폰이 삽입된 스마트폰이 나올 것으로 예측하기도 한다. 목소리로 질문을 입력하면 그 답을 음성으로 대답해 주며, 이미지나 영상이 필요한 순간에는 안경이나 콘택트렌즈 한쪽에 정보가 표시되는 것이다. 복잡한 정보를 입력해야 하는 상황에서는 키보드가 출력되어 허공에 손가락을 움직이면 센서가 감지해 키를 입력한다. 이렇게 완전히 다른 모습으로 진화한 스마트폰이 개발되어 여러분 손에 들어올 날도 그리 먼 미래는 아니다.

이렇듯이 우리가 생활할 미래의 모습을 상상할 때 빠질 수 없는 것이 반도체다. 반도체 산업은 앞으로도 일상생활이나 산업, 의료, 전력 인프라, 교통, 방위, 항공 우주 등 폭넓은 분야에서 인류의 문화적 진화를 돕기 위해 계속 발전할 것이다.

마치며

끔찍했던 동일본 대지진이 발생하기 얼마 전인 2011년 1월, 나는 인생 첫 저서를 출간했다. 제목은 『電子部品流通のイノベーターがつづる グローバル時代の半導体産業論(전자 부품 유통의 이노베이터가 말하는 글로벌 시대의 반도체 산업론)』이다. '글로벌'이라는 단어를 일부러 추가로 넣었다. 이 책에서는 반도체를 제조하는 국제적인 수평 분업 체제를 언급하고 있으며, 세계 반도체 사업이 이렇게까지 급속히 성장한 것은 수평 분업, 즉 글로벌화의 영향이 크다는 점을 상세히 설명했다. 그러한 내용을 제목에 반영하기 위해 글로벌이라는 단어를 일부러 넣은 것이다.

그리고 '글로벌'이라는 단어를 제목에 담은 또 다른 이유가 있다. 그것은 내가 운영하는 회사, 칩원스톱의 경영 전략과도 관련이 있는 부분이다. 우리 회사는 2011년 시점에 이미 반도체 전자 부품의 인터넷 쇼핑 분야에서 일본 리더라는 입지를 증명했다. 경영 전략에 거대한 변환점을 맞은 시점이기도 해서, 내 자신이 글로벌이라는 단어를 크게 의식하고 있었다.

칩원스톱은 그때까지 일본 시장을 우선하는 경영 전략을 내세우고 있었다. 그러나 당시는 반도체나 전자 부품 이용자인 일본의 전자 제품 제조사가 국제적인 경쟁력을 잃어가고 있을 때였고, 반면에 중국과 한국의 전자 제품 제조사나 유럽과 미국 브랜드의 전자 제품을 제조하는 대만과 중국, 동남아시아 등의 EMS 기업이 경쟁력을 높여가던 때였다. 그동안 쌓아왔던 전략에 맞추어 일본의 전자 제품 제조사만을 타깃으로 삼는다면, 우리 회사의 사업이 축소될 수밖에 없는 상황이었다. 이에 대한 해결책이 글로벌화였다.

일본에서 해외로, 이를 모토로 글로벌 전략을 강화하고 대응 속도를 높여야 한다고 결심하게 된 사건이 2011년 3월 11일에 일어난다. 바로 동일본 대지진이다. 사실 당일에 나는 일본에 없었다. 글로벌 전략을 수행하기 위해 회사의 첫 해외 지사를 설립하는 기념회에 참석하기 위해 3월 10일 새벽 도쿄 하네다 공항에서 출발하는 비행기를 타고 싱가포르로 향하는 중이었다. 모 은행의 싱가포르 지점장과 중요한 회의를 진행하던 중, 갑자기 교토에 계시는 아버지에게서 안부를 확인하는 전화가 걸려 와, 도호쿠 지방을 중심으로 대지진이 덮쳤다는 사실을 알게 되었다. 지진이 발생한 지 약 5분 후의 일이었다.

나는 회의를 서둘러 끝내고 쉴 시간도 없이 당일 밤 출발 편으로 비행기 예약을 변경해, 다음 날인 3월 12일 아침 6시 도쿄 하네다 공항으로 돌아왔다. 귀국 당시 목격했던 광경이 아직도 머리에서 떠나지 않는다. 싱가포르 공항 로비에 있는 TV에서 반복해 흘러나오는 쓰나미 영상, 귀국한 나를 따뜻하게 맞아주는 공항 직원들, 하네다 공항에서 신요코하마에 있는 사무실로 향하는 고속도로 위에서 연달아 울리던 긴급 지진 경보, 회사에서 먹고 자며 밤낮없이 일하던 직원들, 그리고 회사 물류 센터 선반에서 떨어진 전자 부품과 반도체들……. 그 후 나의 마음속에는 '지진의 영향으로 일본 전자 제품 기업의 경쟁력은 지금보다 더 떨어질지도 모른다……'라는 불안이 더욱 커졌다.

그 후 칩원스톱은 글로벌화를 위한 대응책을 끊임없이 강구했다. 그리고 2011년 8월에 회사의 미래를 바꿀 결단을 내린다. 세계 최대의 반도체 상사(메가 디스트리뷰터)인 애로우일렉트로닉스와의 제휴를 결정한 것이다. 2004년에 도쿄 증권 거래소의 마더스(당시)에 주식을 상장해 순조롭게 성장하고 있던 칩원스톱은 이 제휴를 통해 일본 증권 시장에서의 상장을 폐지하고(2011년 12월), 미국 주식 시장에 상장하는 업계 최대의 글로벌 회사가 되었다.

애로우일렉트로닉스의 상품력과 세계 각지의 거점에 칩원스톱의 '디지털 능력'을 융합하는 방향으로 사업 확대에 전력을 다했다. 2011년 당시에는 우리 회사의 해외 매출 비중이 거의 0에 가까웠으나, 2021년에는 35%를 넘어섰다. 물론 일본 시장의 매출도 크게 신장했지만, 해외 시장의 매출은 그보다 훨씬 빠른 속도로 성장했다.

그리고 지금 두 번째 책을 집필할 귀중한 기회를 얻었다. 이 책에서는 반도체에 대한 지식이 업무 현장에서 얼마나 중요한지를 시작으로, 반도체란 어떤 것이며 어떻게 발전해 왔고, 반도체를 둘러싼 세계의 움직임이 어떠한지에 대해 해설했다. 그동안 반도체에 관해 '정확히는 몰라도 중요한 것 같은 부품'이라고 막연하게 알고 있던 사람도 반도체 지식을 체화해 다양한 업무 기회를 만드는 데 도움이 되기를 바란다.

이번에 집필을 결심한 이유가 하나 더 있다. 그것은 세계 반도체 산업의 미래는 물론 일본의 반도체 산업과 이를 둘러싼 생태계의 장래가 밝다는 점을 젊은 직장인들에게 전하고 싶었기 때문이다. 현재 반도체를 둘러싼 세계적인 환경은 분명 큰 변화를 맞고 있고, 반도체 업계에 좋지 않은 영향을 끼치고 있다. 예를 들어, 미국과 중국의 경제 분쟁, 러시아의 우크라이나 침공, COVID-19의 확산 등이 그것이다.

지금까지 반도체 업계가 순조롭게 성장할 수 있었던 것은 세계가 평화롭고 안전했기 때문이다. 이러한 국제적인 환경은 글로벌 수평 분업 체제를 효율적으로 구축하는 기반이 되었다. 그러나 이러한 전제가 무너지면서 안보의 관점에서 세계가 글로벌화가 아닌 블록화로 방향을 바꾸면, 반도체 업계의 성장이 더뎌질 수 있다. 반도체 업계 내에는 이러한 의견을 가진 전문가들도 적지 않다.

그러나 나의 의견은 다르다. 단기적으로 보면 공급망의 문제 등에 따라 많은 반도체 제조사나 반도체 이용자들이 큰 피해를 보게 될 것이다. 실리콘 사이클에 따른 경기 불황도 찾아올 것이다. 그러나 장기적으로는 탑재한 반도체 칩의 새로운 애플리케이션이 등장하거나 기존의 전자 제품에 탑재되는 반도체 칩의 수량이 증가하고, 클라우드와 데이터 센터가 늘어나면서 다량의 반도체가 필요해질 것이다. 그와 동시에 새로운 반도체 기술은 끊임없이 개발될 것이다. 그 결과 반도체 칩의 성능은 좋아지고 단가는 낮아지지만, 새로운 수요가 점점 늘어나 반도체 시장의 규모는 세계 경제의 성장률을 뛰어넘는 속도로 성장할 것이다. 세계 반도체 산업의 미래는 밝다고 단언할 수 있다.

일본 반도체 업계의 미래에 관한 비관론이 적지 않다. 그러나 나는 일부 조건만 충족되면, 반도체 업계의 장래가 밝다고 생각한다. 비관론의 근거로는 일본에 최첨단 기술을 채택한 반도체 제조 공장이 없다는 점, 업계를 이끄는 팹리스 반도체 제조사가 존재하지 않는다는 점, 새로운 기술자를 육성해 내야 하는 이공계 대학의 인기가 낮다는 점 등이 꼽힌다. 그러나 일본의 반도체 제조사가 전 세계의 라이벌 기업들과의 경쟁에서 우위를 점할 만한 요소는 충분히 남아 있다. 예를 들어, 반도체 칩 제조에 관한 노하우가 그렇다. 일본의 반도체 제조사는 반도체 제조 장치의 구입 금액 대비 반도체 생산 수량이 매우 많다는 통계 데이터가 있다. 반면에 현시점에서 중국의 반도체 제조사는 반도체 제조 장치의 구입 금액 대비 생산 수량이 그렇게 많지 않다. 즉, 일본 내 반도체 제조사는 반도체 칩을 효율적으로 제조하는 기술력이나 노하우와 같은 강점을 여전히 가진 것이다.

물론 이러한 기술력이나 노하우가 있다고 하더라도, 반도체 제조사로서 반도체 시장에서 성공을 거둘 수 있다는 보장은 없다. 가장 중요한 점은 반도체 제조사가 요구하는 성능이나 기능을 구현하는 뛰어난 설계와 제조된 반도체로 큰 매출을 내는 것이다. 이와 더불어 반도체의 실제 이용자인 일본 내 전자 제품 제조사와 자동차 제조사, 산업 기기 제조사 등이 전 세계에 전파될 만큼 매력적인 신규 애플리케이션을 만들어 낸다면, 일본의 반도체 제조사와 연계해 사업을 확대할 수 있다. 이것이 일본의 반도체 업계가 성공하기 위한 필요조건이다.

이 조건을 만족하는 것은 결코 쉬운 일이 아니다. 만족시키지 못한다면 어두운 미래가 기다리고 있을 것이다. 일본은 지금까지 전자계산기, 게임, 파친코, 소형 비디오카메라, 게임, 애니메이션, 디지털카메라 등 매우 매력적인 애플리케이션을 고안해 세계에 전파했다. 일본 산업계는 풍부한 문화와 상상력을 보유하고 있다. 이는 일본 정부가 이끄는 프로젝트로 만든 것이 아니다. 그리고 대기업만이 이러한 아이디어를 구현할 능력을 갖춘 것도 아니다. 즉, 누구든 기회를 만들어 낼 수 있다. 칩원스톱이 인터넷 쇼핑이라는 플랫폼을 처음 구축하고, 반도체·전자 부품 유통 혁명을 일으킨 것처럼 벤처 기업도 얼마든지 가능하다.

이 책을 통해 반도체에 관해 올바른 지식을 얻은 독자 여러분이 표면적인 뉴스에 현혹되지 않고 사건의 본질을 꿰뚫어 보게 됨으로써 사업 현장에서 더욱 활약하기를 바란다. 나를 비롯한 우리 회사 구성원들은 독자 여러분을 전력으로 지원할 것이다.

마지막으로 많은 데이터를 수집하고 집필에 관해 다양한 조언을 해 준 야마시타 카츠미 씨, 오야마 사토루 씨, 나카모리 토모히로 씨에게 감사를 전한다.

더불어, 집필에 필요한 데이터의 정리나 원고의 보완 등을 도와준 우리 회사의 우수한 사원들에게 고마운 마음을 전한다. 근무 시간 외에도 많은 시간을 들여 도움을 준 점에 미안한 마음과 동시에, 우리 회사의 사업 확대를 위해 도전을 멈추지 않는 자세가 자랑스럽다.

2022년 9월

고죠 마사유키

(주식회사 칩원스톱 대표이자 창업자, 애로우일렉트로닉스재팬주식회사 대표 겸 사장, 미국 애로우일렉트로닉스잉크 Vice President, Corporate Development)